U0337677

基于数字孪生的掘进机故障诊断技术研究

马天兵　李长鹏　著

中国矿业大学出版社

·徐州·

内 容 简 介

本专著基于相似理论搭建了掘进机截割部实验台,构建基于数字孪生技术的掘进机虚实交互系统,提取掘进机截割头的振动信号并进行自适应预处理,探索非线性截割振动信号的特征提取方法,研究基于数字孪生和深度学习的掘进机关键部件故障诊断方法,并进行功能验证,实现掘进机状态实时监测可视化和关键部件故障精准诊断。

本专著可作为矿山机械、智能采矿工程、机械电子工程等专业的学生使用,也可供相关领域工程技术人员参考。

图书在版编目(CIP)数据

基于数字孪生的掘进机故障诊断技术研究/马天兵,

李长鹏著.—徐州:中国矿业大学出版社,2024.10.

ISBN 978-7-5646-6286-8

Ⅰ. TD421.5

中国国家版本馆 CIP 数据核字第 2024VY1802 号

书　　名　基于数字孪生的掘进机故障诊断技术研究
著　　者　马天兵　李长鹏
责任编辑　周　红
出版发行　中国矿业大学出版社有限责任公司
　　　　　（江苏省徐州市解放南路　邮编 221008）
营销热线　(0516)83885370　83884103
出版服务　(0516)83995789　83884920
网　　址　http://www.cumtp.com　E-mail:cumtpvip@cumtp.com
印　　刷　苏州市古得堡数码印刷有限公司
开　　本　787 mm×1092 mm　1/16　印张 9　字数 170 千字
版次印次　2024 年 10 月第 1 版　2024 年 10 月第 1 次印刷
定　　价　50.00 元

（图书出现印装质量问题,本社负责调换）

前　言

　　煤炭行业作为我国重要的传统能源行业,是我国国民经济的重要组成部分。推进煤炭行业智能化运行,对于提升煤矿安全生产水平、保障煤炭稳定供应具有重要意义。掘进机作为煤矿巷道掘进的主要设备,其智能化水平直接影响煤炭安全高效开采。开展掘进机故障诊断研究符合我国煤炭行业智能化发展的趋势。然而,目前我国在掘进机故障诊断方面的研究相对较少,需要加强理论研究、算法开发和工程应用。近年来,数字孪生技术作为一种新兴的技术手段,在推动煤炭行业数字化转型和智能化升级方面做出了重要的贡献。数字孪生技术通过构建物理设备的虚拟模型,结合传感器数据和历史数据等反映该模型对应实体的功能、实时状态及演变趋势。传统监测方法难以融入设备本体,无法满足掘进机在动态多变环境下故障诊断精度及适应性需求。因此,将数字孪生技术应用于掘进机的故障诊断研究中,可以实现掘进机的智能化监测与故障诊断。通过数字孪生技术,专业技术人员可以在虚拟环境下监测掘进机的运行情况,预测潜在故障,并制定相应的维护方案,从而减少设备的停机时间,提高掘进效率。

　　本书结合数字孪生技术,以掘进机关键的截割部为主要研究对象,开展基于数字孪生的掘进机故障诊断研究,旨在减少掘进机安全事故的发生,提高巷道掘进的智能化水平。全书共分7章。第1章绪论,简要总结基于数字孪生的掘进机状态监测和故障诊断研究基本概况以及存在的问题;第2章阐述了悬臂式掘进机截割部实验台搭建方法;第3章提出了掘进机截割部振动信号预处理方法；第4章介绍了掘进机截割部振动信号故障诊断方法；第5章探讨了基于数字孪生的掘进机虚实交互系统研究；第6章开展了掘进机截割部实验台数字孪生系统实验研究；第7章总结了基于数字孪生的掘进机故障诊断研究情况和未来需要深入研究的方向。

　　本书的研究工作得到了安徽高校协同创新项目（No. GXXT-2022-019）、安徽省重点研究与开发计划项目（No. 202104a07020005）、安徽省自然科学基金面上项目（No. 2008085ME178）、国家重点实验室资助项目（No. SKLMRDPC20ZZ01）、安徽高校自然科学研究项目（2023AH051196）、深部煤矿采动响应与灾害防控国家重点实验室开放基金（No. SKLMRDPC22KF26）、安徽省智能矿山技术与装备工程实验室开放基金（No. AIMTEEL202202）、安徽理工大学引进人才科研启动基金（2022YJRC63）等的资助，在此表示感谢。研究生吕英辉、王鑫、彭猛、杨启程、杨婷、于平平、汪晗等为本书的撰写和审阅提供了许多宝贵的素材和协助。

　　由于著者水平有限，书中不妥之处在所难免，恳请广大读者和同行不吝指正。

著　者

2024 年 9 月

一 目　　录 一

——1 绪 论——

1.1 课题背景及研究意义

煤炭行业是我国国民经济的重要组成部分,推进煤炭工业智能化运行对提升煤矿安全生产水平、保障煤炭稳定供应至关重要[1-2]。掘进装备作为煤矿巷道掘进的主要设备,其智能化水平直接影响设备运输和煤炭开采。随着技术的发展,我国在智能快速掘进装备方面,实现了配套装备一体化、自动化和智能化掘进模式[3],但存在的掘进工作面用人多、掘进工作面环境差等问题,影响作业人员的身体健康与生命安全[4],如图 1-1 所示。

图 1-1 煤矿巷道掘进工作面

煤矿工业智能化的实现离不开智能化的监测与诊断技术,掘进装备的故障问题直接影响安全快速掘进和智能化开采效率。现阶段我国在煤矿掘进装备机械故障诊断方面研究滞后,亟须加强理论研究、算法开发和工程应用[5]。对矿用机械设备开展故障诊断研究符合我国煤炭领域逐步向智能化发展的趋势,为进一步建设智能化矿井提供保障[6]。

传统的故障诊断方法主要依赖于人工经验和周期性的检修,存在着诊断准确率低、检修周期长等问题。随着数字化技术的发展和人工智能技术的发展,数字孪生技术逐渐成为工业领域中解决实际问题的有效手段。数字孪生技术允许在虚拟环境中构建一个与实际设备相对应的数字化模型,从而实现对设备状态和性能的健康监测。机器学习可以用于从大量的传感器数据中提取和选择有价值的特征,帮助区分正常状态和故障状态。这些特征可以是时间域、频域、时频域等多种形式的数据特征,通过机器学习算法进行有效的提取和选择,能够对设备状态进行有效的分类。深度学习通过多层次的非线性变换,能够从数据中学习到更加抽象、更加复杂的表示,从而实现对复杂任务的学习。将数字孪生与机器学习或深度学习融入掘进机的状态监测中,能够实现对掘进机的智能化运维管理,包括远程监控和智能诊断功能,提高设备的运行效率和管理水平,降低人力成本和运营风险。

掘进机作为煤矿掘进装备的重要设备,其系统结构复杂、运行环境恶劣,并在实际运行时检测信号噪声干扰大,为准确监测运行状态带来了一定的难度。由于掘进机工作面狭窄、局部坍塌等现象的普遍存在,监测设备的部署和维护存在困难。传统的监测设备无法有效地安装在掘进机上,导致监测效果不佳或无法实现。目前掘进机作业监测数据可视化差、可靠性低[7],而掘进机的截割头作为其核心部件之一,直接影响整个巷道掘进过程的效率和安全性。耿晋杰[8]指出作为关键部位的截割头体是掘进机的主要硬件设施,通常在具体工作中也是最容易出现磨损的部件。刘亚南等[9]提出在截割头大端处截齿座缺乏保护,当截齿被磨损缩短至截齿座时就会导致截齿座的损坏,从而加速了掘进机的损坏。由于截割头长时间在恶劣的工作环境下运行,容易受到磨损、疲劳等因素的影响,因此故障频发,给煤矿生产带来了不小的困扰。鉴于以上对煤炭行业掘进设备等的分析,涉及掘进工作面安全快速开采问题,可知对掘进机截割头的安全监测与故障诊断非常关键[10]。

1.2　国内外研究现状

1.2.1　数字孪生技术研究现状

数字孪生(digital twin)的概念最早由 Grieves 提出,探讨了如何将数字孪生应用于未来的航空航天领域,以提高飞行器的设计、制造和运营效率[11]。近年来,数字孪生技术在国内外的研究现状逐渐受到广泛关注,涉及领域广泛,包括工业制造、航空航天、能源和医疗等。Parmar 等[12]提出了有助于构建组织数字孪生的五个原则,并展示了如何结合成一个动态的演化过程,逐步构建和维护数字孪生。陶飞等[13-15]从应用领域、层次结构、学科、维度、通用性和功能性等方面对数字孪生模型进行全面而深刻的分析,制定了数字孪生六大标准,指出了基于数字孪生的数字工程成熟度模型。Geng 等[16]提出了一种基于模块化的智能制造数字孪生系统,通过建立信息-物理空间的双向实时映射,使用虚拟现实和增强现实聚合了远程控制和虚拟工件加工的功能。Jia 等[17]提出了一种基于模型分割和组装标准化处理的复杂数字孪生模型的新建模方法,通过信息融合、多尺度关联、多场景迭代,将数字孪生的简单模型组装成复杂模型。Kalidindi 等[18]在材料学中制定材料物理的数字孪生的形式及功能所需的基本概念和框架。Laubenbacher 等[19]建立流行病学数字孪生模型,结合人类生理学、免疫学和患者特定的临床数据,实现病毒感染和免疫反应的预测计算机模拟。Semeraro 等[20]探索了数字孪生技术与电池能源系统集成相关的先前研究的趋势和差距。陶飞等[21]从"感知-通信-映射-联动-融合"五方面探索建立了数字孪生连接交互理论体系,如图 1-2 所示。杨帆等[22]给出了电力装备多物理场的数字孪生的实现方法,并指出实现电力装备数字孪生技术在数据采集、模型构建与求解、平台使用方面的挑战。王方等[23]构建了多种航空发动机燃烧室的数字孪生模型,给出了航空发动机燃烧室数字孪生体系的关键技术的解决方案。

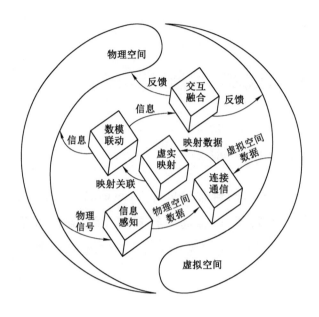

图 1-2　数字孪生连接交互理论体系[21]

1.2.2　基于数字孪生的掘进机研究现状

　　煤矿井下环境恶劣,特别是掘进机在运行时受振动、潮湿、灰尘等影响,极易产生故障,严重影响其健康状况、工作效率和巷道掘进的安全性。目前,从悬臂式掘进机机身及截割头位姿视觉智能感知,到基于 VR[24]、MR[25-26]技术的虚拟交互,实现了虚拟的控制理念。数字孪生是一种在信息世界刻画、仿真、优化、可视化物理世界的重要技术[27-30]。如图 1-3 所示,张旭辉等[31]提出了一种数字孪生驱动的悬臂式掘进机"虚拟示教"轨迹规划新模式,解决了前期"人工示教"模式下依靠掘进机司机人工控制难以保证轨迹优化和合理性的弊端。

　　吴淼等[32]构建了基于数字虚拟模型驱动的掘进机远程可视化智能调控系统,为数字孪生技术在综掘巷道并行系统的应用提供了基础性思路。马宏伟等[33]实现了数字孪生驱动的远程智能测控等功能,能够实现掘进系统远程虚实同步控制和一键启停控制。杨健健等[34]通过数字孪生技术,实现了煤矿井下的掘进机远程可视化智能控制,可完成所有参数的远程监测及所有动作的远程智能控制。张超等[35]完成了智能掘进机器人系统各组成部分的数据感知及数字孪生驱动,实现了掘-支-运平行作业,提升了巷道掘进的智能化水平。薛旭升等[36]设计了基于数字孪生的煤矿掘进机器人纠偏控制系统,为掘进作业提供控制决策依

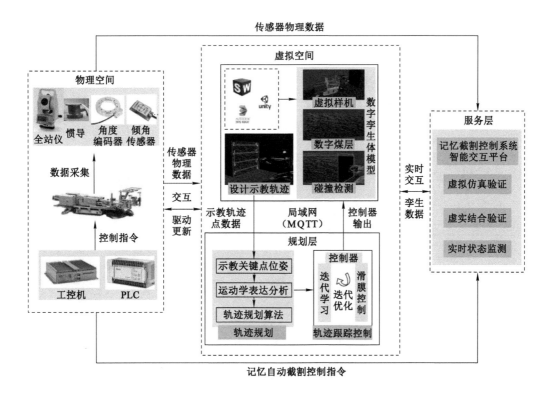

图 1-3 掘进机记忆截割控制系统总体方案[31]

据,有利于提高掘进巷道成形质量。王岩等[37]提出了基于数字孪生体与物理系统交互融合的掘进工作面平行智能控制方法,实现了物理掘进状态在数字掘进过程的精准复现。

Latif 等[38]提出了一种数字孪生驱动框架,通过机器学习可视化监测掘进机性能,从而最大限度地降低与隧道项目成本和进度相关的风险。Zhang 等[39]建立了一个数字孪生模型,旨在实现实时监控和控制,以提高隧道掘进机在开挖过程中的整体性能。Liu 等[40]设计了一种掘进机换刀数字孪生系统,系统利用 Unity3D 搭建虚拟工作环境,建立机器人的运动学模型,实现对机器人运动轨迹的预规划。Wu 等[41]提出了一种掘进机巷道数字孪生构建与虚拟化的新方法,构建符合真实巷道主体结构的隧道场景静态模型,提高巷道数字化管理效率。Wang 等[42]提出了一种基于数字孪生的正向静态全连接拓扑网络建模方法,提高设备监测知识图谱构建效率。

1.2.3 矿山装备监测与故障诊断研究现状

随着计算机的发展,故障诊断技术由最初的现场人工判别故障,转变为对设备运行数据时域、频域和时频域进行分析,寻找故障特征。近年来人工智能技术的不断更新迭代,基于机器学习和深度学习的故障诊断大量用于解决工程问题。图 1-4 所示为故障诊断基本流程。

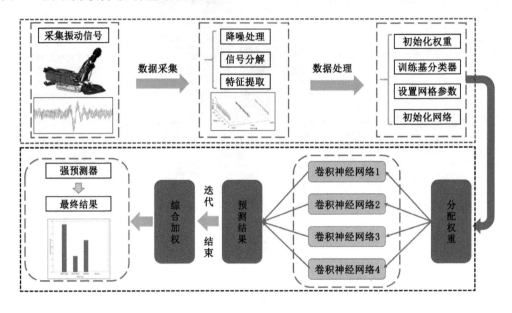

图 1-4　故障诊断基本流程

Hinton 等[43]首次提出了深度学习理论,推动了深度学习在各种领域应用的浪潮。李港等[44]提出深度学习能够在层次结构的特征提取过程中发现更多的隐藏知识,针对掘进机的健康状态监测,可引入深度学习的大数据分析方法。刘惠等[45]指出利用深度学习的大数据分析方法,在机器运行周期内,实现对其状态特征的准确识别,并预测其发展趋势。李杰其等[46]提出了基于机器学习的设备预测性维护方法,实现对大型机械的健康监测。雷亚国等[47]提出了一种新的机械装备健康监测方法,完成故障特征的自适应提取与健康状况的智能诊断。Shirani等[48]指出深度学习较传统人工神经网络方法有着突破性的优势。王国法等[49]提出了掘进机等复杂装置的健康监测方法和定位方法。如图 1-5 所示,李彦夫等[50]总结了基于深度学习的工业装备 PHM 研究,探讨了现有深度学习 PHM 研究中存在的问题与挑战,推动深度学习的工业装备 PHM 理论方法研究进一步向工程实际应用转化。

Nosenko 等[51]基于掘进机电机的电流值和频域中呈现的测量数据开发出了快速诊断执行单元,在不中断巷道掘进的情况下执行诊断。Leng 等[52]提出了一

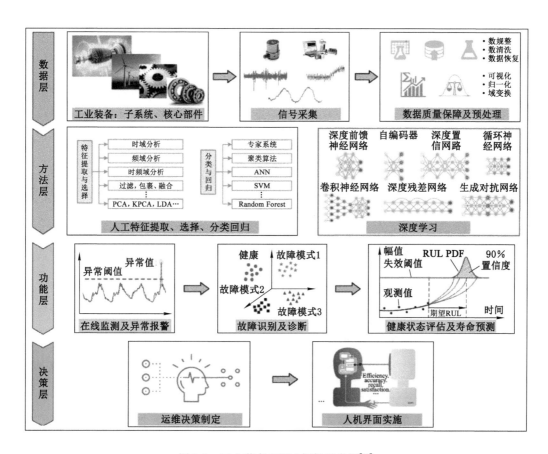

图 1-5 工业装备 PHM 框架示意图[50]

种混合数据挖掘方法可自动处理来自 TBM 的实时监测数据,通过神经网络模型评估渗透率值及时发现异常数据并预警。Zhou 等[53]提出了一种基于可拓神经网络的盾构机系统故障诊断方法,以特征指标经典域的上下界作为神经网络的双权重,然后以延伸距离为测量工具进行故障诊断。Fu 等[54-55]提出了基于滚子状态信号的双流小波散射卷积编码器(TWSCE-SSPN)和一种具有振动信号多通道输入(TSCNN-MCDI)的双流卷积神经网络模型,验证了该模型在少样本、强噪声条件下诊断掘进机主轴承故障的优越性。Qiu 等[56]提出了物理模型驱动的盾构机液压系统故障诊断方法,以模拟数据作为训练样本,实测数据作为测试样本,采用支持向量机(SVM)、极限学习机(ELM)、卷积神经网络(CNN)等多种人工智能诊断模型进行诊断。杨健健等[57]分析并提取了表征掘进机截割部运行状态的特征向量,采用 BP 神经网络作为故障诊断方法,利用 PSO 解决了 BP 神经网络收敛速度慢及易陷入局部极小值的问题。Qu 等[58]提出了一种结合变分模态分解和自适应卷积神经网络的故障诊断策略,引入深度迁移学习策略来解决掘进机轴承在变工况下振动数据分布不同的问题。Ji 等[59]提出了一种基于参考流形(RM)学习和改进的 K-means 聚类分析的健康状态分析方法,利用实时采集的掘进机截割减速机故障信号对该方法进行了验证。Song 等[60]提出了基于包络分析的故障诊断技术,通过从时域波形中提取故障相关信号,减少低频信号对高频信号的影响,突出设备故障特征信号,提高设备故障诊断的可靠性和灵敏度。

1.2.4　基于数字孪生的故障诊断研究现状

王国法[61]指出煤炭开采与煤机设备故障诊断尚难实现数字孪生,但在其他工业领域,基于数字孪生的故障诊断技术应用广泛。曹进华等[62]提出了基于数字孪生的航天发射塔摆杆机构故障诊断研究,结合摆杆典型故障,利用实测数据检验了摆杆数字孪生系统的有效性,实现了大型机电液复杂系统可视化故障诊断工程应用。韩伟等[63]提出了一种基于数字孪生的在运安控系统故障诊断方法,建立了 MPA-SVM 故障诊断模型,如图 1-6 所示。

刘燕燕等[64]提出了一种基于五维数字孪生的智能健康监测系统,实现了堆取料机的健康状态智能化与立体化监测。王克璇等[65]提出了基于深度学习的汽水分离再热数字孪生系统故障诊断研究,构建汽水分离再热系统数字孪生体,融入深度学习,能够实现不同故障类别的有效区分。任巍曦等[66]提出了一种基于数字孪生的风电机组轴承故障诊断方法,构建了风电机组的数字孪生系统,解决了一维振动信号的数据增强,提高了风电轴承故障诊断准确率与稳定性。Yu 等[67]提出了一种基于数字孪生的隧道运维决策分析框架。该框架定义了一种隧道孪生数据组织方法,用于隧道风机故障原因分析,验证了其决策分析过程和有效性。Xia 等[68]提出了一种基于物理-虚拟数据融合的数字孪生驱动变速箱故障诊断方法,以在收集的故障数据不足的情况下提高诊断性能。Deebak 等[69]提出了一种利用深度迁移学习的数字孪生辅助故障诊断方法来分析加工刀具的运行状况。Feng 等[70]开发了全面、准确的滚动轴承数字孪生模型,建立了基于图卷积网络的迁移学习框架,将知识从模拟数据集迁移到测量数据集,从而能够在知识有限的情况下对轴承进行有效的故障诊断。Huang 等[71]提出了一种基于深度多模态信息融合(MIF)的新型 DT 方法,该方法集成了来自物理模型(PBM)和数据

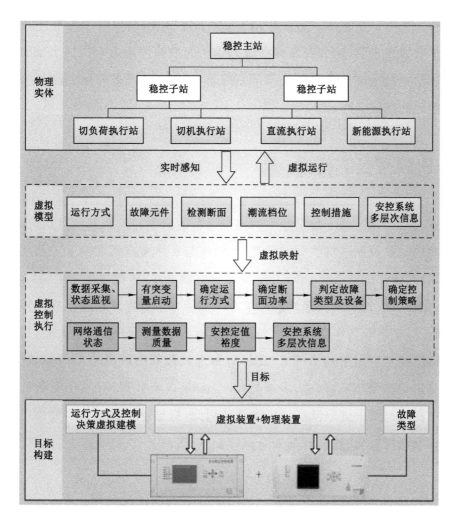

图 1-6　在运安控系统数字孪生体系[63]

驱动模型的信息。Yang 等[72]提出了一种数字孪生驱动的复合故障诊断方法,使用伯努利方程结合损失、控制和状态参数来构建数字孪生模型,该方法对于海底生产控制系统的复合故障极为有效。

从目前数字孪生技术与故障诊断技术研究现状来看,数字孪生技术应用范围广,研究力度大,在实现物理世界与信息世界的有效连接和交互方面存在巨大优势,在解决工程实际问题中存在巨大潜力。数字孪生技术被应用于掘进机的远程可视化智能调控系统,实现了虚拟的控制理念。利用数字孪生技术,建立了掘进机的数字虚拟模型,并结合虚拟交互技术,实现了远程智能测控、远程可视化智能控制等功能。这些研究成果为提高掘进机的智能化水平、工作效率提供了重要的技术支持。故障诊断技术一直稳中向好，基于机器学习、深度学习和大数据在故障诊断中效果优势明显，为提高设备故障诊断的准确性和效率提供了重要技术支持。数字孪生技术在故障诊断领域的研究和应用呈现出多样化、创新性，并具有巨大的潜力和发展空间。

1.3 研究存在的问题

上述文献阐述了基于数字孪生的掘进装备的监测与控制系统的研究，但是主要针对物理对象及掘进机模型的研究较多，在与实体掘进机的交互方面还存在很大差异，针对煤矿掘进机复杂的工作环境和机械系统，未建立高效的状态监测系统，无法保证系统识别的快速性及可靠性。数字孪生故障诊断技术在较多行业中应用，而在煤矿行业数字孪生技术与故障诊断技术融合面临不小挑战，煤矿机械的故障诊断技术应用于轴承研究较多，对掘进机截割头故障诊断研究较少，针对复杂的掘进工作面环境，高速、多源异构、易变等典型数据问题，仍需研究更加准确的特征提取与设备健康状态诊断方法。因此，提出基于数字孪生的掘进机截割头故障诊断研究，为快速掘进的安全保障提供支持。

2 悬臂式掘进机截割部实验台搭建

掘进机的任何部件或者子系统的损坏都可能影响掘进机正常运行,关键部件的损坏会直接导致掘进工作的停止。其中截割部(切割机构)作为掘进机的重要功能部件,处于煤岩截割近端,受到高粉尘的影响不宜监控,掘进机操作人员难以监测截割过程中的动态变化。受到高强度、变载荷和长时间振动冲击的影响,截割头的截齿时常发生各种形式的损坏,导致截割效率下降,更有甚者因为链式反应导致截割减速器、截割电机的损坏。另外,截割部包含了截割过程中的上下左右运动,是研究自动截割、断面成型的重点部位,是探讨掘进机位姿的重要组成部分。掘进机截割部作为掘进机的关键部件,对其进行实时监测、动态跟踪和健康分析具有重要的研究意义。为此,本书以 EBZ260H 型悬臂式掘进机为原型,基于相似理论设计了 1∶3 的缩比模型,如图 2-1 所示。

本研究基于相似理论,对 EBZ260H 型悬臂式掘进机的截割部进行了精确的等比例缩小设计。在设计中充分考虑了截割头的结构强度、刚度及耐磨性,优化了截齿的布局和角度,设计了一套适用于缩比模型的电气控制系统和稳定的液压传动系统,旨在提高掘进机的截割效率、巷道成型质量以及整体可靠性。研究通过构建 1∶3 的相似模型并进行实验台联合调试,确保各系统之间协调运行,并实现了多种截割功能,为后续数字孪生系统的搭建提供了坚实的物理实体基础。根据现场调研,确定了掘进机截割头故障模式和故障区域,结合相似理论制作了不同故障的掘进机截割头,分析了不同故障条件下的截割头振动特性,为掘进机截割头故障诊断方法指明了方向。

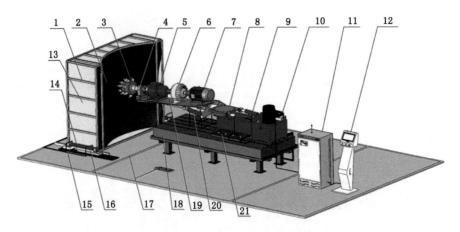

1—煤壁钢架;2—相似材料煤岩掘进工作面;3—截割头;4—加高球轴承支承;5—行星齿轮减速器;
6—磁粉制动器;7—截割电机;8—回转组件;9—回转油缸;10—油泵组件;11—电气控制柜;
12—组态显示控制屏;13—煤壁支承木板;14—进退油缸;15—固定钢板;16—燕尾槽组件;
17—警示黄线与地标;18—配重底座;19—安装组件;20—升降油缸;21—基座与固定压板。

图 2-1　掘进机截割部实验台三维模型

2.1　掘进机截割部实验台的参数确定

相似理论旨在研究模型实验与原型实验中的某种关系,而这种关系可以通过一组无量纲关系式来表示,其核心是 Π 定理。

对一个具体的问题:自变量个数为 n,依次为 $a_1,a_2,\cdots,a_k;a_{k+1},\cdots,a_n$,因变量为 a,Π 定理则有以下表达式:

$$a = f(a_1,a_2,\cdots,a_k;a_{k+1},\cdots,a_n) \tag{2-1}$$

假设自变量中包含了独立量纲的基本量个数为 k,其他自变量的个数为 $n-k$,则自变量可以用这些基本量的幂次方来表示,独立量纲的参数计为 $A_1,A_2,\cdots,A_{k-1},A_k$,其他参数可以表示为:

$$\begin{aligned}
[a_{k+1}] &= A_1^{p_1} A_2^{p_2} \cdots A_k^{p_k} \\
[a_{k+2}] &= A_1^{q_1} A_2^{q_2} \cdots A_k^{q_k} \\
&\vdots \\
[a_n] &= A_1^{r_1} A_2^{r_2} \cdots A_k^{r_k}
\end{aligned} \tag{2-2}$$

由等式(2-1)可以得知,因变量 a 也可以表示为基本量的幂次式:

$$[a] = A_1^{m_1} A_2^{m_2} \cdots A_k^{m_k} \tag{2-3}$$

如果采用 K 个上述基本量的单位系统来评估这个问题,则可以将本问题转化成一组无量纲的关系式,做一个比例关系,那么对应前面关系都可以变成1,如下列函数等式:

$$\frac{a}{a_1^{m_1} a_2^{m_2} \cdots a_k^{m_k}} = f\left(1, 1, \cdots, 1; \frac{a_{k+1}}{a_1^{p_1} a_2^{p_2} \cdots a_k^{p_k}}, \frac{a_{k+2}}{a_1^{q_1} a_2^{q_2} \cdots a_k^{q_k}}, \cdots, \frac{a_n}{a_1^{r_1} a_2^{r_2} \cdots a_k^{r_k}}\right) \quad (2\text{-}4)$$

式(2-4)中左边为无量纲数,记作 Π;等式右边的前 k 组数值均为无量纲数,将 Π 看作因变量,右边则是 Π 的无量纲自变量 $\Pi_1, \Pi_2, \cdots, \Pi_{n-k}$。建立下列等式:

$$\Pi = f(\Pi_1, \Pi_2, \cdots, \Pi_{n-k}) \quad (2\text{-}5)$$

则有 $f(\Pi_1, \Pi_2, \cdots, \Pi_{n-k}) = 0$。

Π 定理证明了物理规律总可以表达成无量纲之间的因果关系。

2.1.1 基于相似理论截割头的设计

如图 2-2 所示,截割头是破岩开凿巷道的关键部件,工作模式下常与岩石发生激烈的碰撞。截齿作为截割头上的主要构件,长期与煤岩挤压接触导致截齿失效,失去了锋利度,无法有效地削减或切割煤炭或矿石。

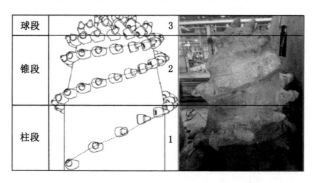

图 2-2　截割头故障区域图

煤岩截割过程可以分为三个阶段:① 截齿与煤岩刚发生接触碰撞时,截齿齿尖巨大的动量与压力传导使煤块发生初始裂纹;② 随着截齿深入煤岩,煤岩裂缝进一步延伸;③ 煤岩从主岩体崩落,截齿进行下一阶段的截割或者过渡到非接触状态。

此外,截齿可能因为在工作过程中,受到外部力量的撞击或异常工作环境的影响而断裂或损坏。掘进机截割头从下到上可分为柱段、锥段、球段;通过现场调研得知,掘进机常见故障可分为失效和断齿等,故障区域集中在截割头锥段的

20%～30%之间。

依据相似原理进行了正常截割头主要参数的换算,选取截割头关键参数如下:截割头的质量 M_1,截齿质量 M_2,截齿锥角 β,摆臂转速 v,底圆的直径 d,螺旋线数 m,螺旋线的长度 H,螺旋线的升角 θ,截割头体转速 n,相似煤壁平均抗压强度 p,相似煤壁平均密度 σ,截齿受到的力 F。构建质量 M、空间 L、时间 T 的量纲系统 M-L-T,表 2-1 所示为截割头、相似煤壁的参数及其量纲。

表 2-1　截割头、相似煤壁参数及其量纲

参　数	单位	量纲
截割头的质量 M_1	kg	$M^1 L^0 T^0$
截齿质量 M_2	kg	$M^1 L^0 T^0$
截齿锥角 β	°	$M^0 L^0 T^0$
底圆的直径 d	m	$M^0 L^1 T^0$
螺旋线数 m	个	$M^0 L^0 T^0$
摆臂转速 v	m/s	$M^0 L^1 T^{-1}$
螺旋线的长度 H	m	$M^0 L^1 T^0$
螺旋线的升角 θ	°	$M^0 L^0 T^0$
截割头体转速 n	r/min	$M^0 L^0 T^{-1}$
相似煤壁平均抗压强度 p	Pa	$M^1 L^{-1} T^{-2}$
相似煤壁平均密度 σ	kg/m³	$M^1 L^{-3} T^0$
截齿受到的力 F	N	$M^0 L^0 T^{-2}$

依据表 2-1 列出量纲矩阵指数,如表 2-2 所示。

表 2-2　量纲矩阵表

参数指标	M_1	M_2	d	v	H	n	p	σ	F
	a_1	a_2	a_3	a_4	a_5	a_6	a_7	a_8	a_9
M	1	1	0	0	0	0	1	1	1
L	0	0	1	1	1	0	−1	−3	1
T	0	0	0	−1	0	−1	−2	0	−2

建立无量纲方程式组如下:

$$\begin{cases} a_1 + a_2 + a_7 + a_8 + a_9 = 0 \\ a_3 + a_4 + a_5 - a_7 - 3a_8 + a_9 = 0 \\ -a_4 - a_6 - 2a_7 - 2a_9 = 0 \end{cases} \quad (2\text{-}6)$$

根据相似第二定理可知,本系统所包含基本参数 9 个,基本量纲 3 个,故 Π 共有 6 个,分别为 $\Pi_1,\Pi_2,\Pi_3,\Pi_4,\Pi_5,\Pi_6$。

对于 Π_1:

$$\Pi_1:\begin{cases} 1+a_7+a_8+a_9=0 \\ -a_7-3a_8+a_9=0 \\ -2a_7-2a_9=0 \end{cases} \tag{2-7}$$

对于 Π_2:

$$\Pi_2:\begin{cases} 1+a_7+a_8+a_9=0 \\ -a_7-3a_8+a_9=0 \\ -2a_7-2a_9=0 \end{cases} \tag{2-8}$$

对于 Π_3:

$$\Pi_3:\begin{cases} a_7+a_8+a_9=0 \\ 1-a_7-3a_8+a_9=0 \\ -2a_7-2a_9=0 \end{cases} \tag{2-9}$$

对于 Π_4:

$$\Pi_4:\begin{cases} a_7+a_8+a_9=0 \\ 1-a_7-3a_8+a_9=0 \\ -1-2a_7-2a_9=0 \end{cases} \tag{2-10}$$

对于 Π_5:

$$\Pi_5:\begin{cases} a_7+a_8+a_9=0 \\ 1-a_7-3a_8+a_9=0 \\ -2a_7-2a_9=0 \end{cases} \tag{2-11}$$

对于 Π_6:

$$\Pi_6:\begin{cases} a_7+a_8+a_9=0 \\ -a_7-3a_8+a_9=0 \\ -1-2a_7-2a_9=0 \end{cases} \tag{2-12}$$

由上述等式可知 Π 矩阵参数表 2-3:

表 2-3 Π 矩阵参数

参数表	a_1	a_2	a_3	a_4	a_5	a_6	a_7	a_8	a_9
Π_1	1	0	0	0	0	0	3/2	-1	$-3/2$
Π_2	0	1	0	0	0	0	3/2	-1	$-3/2$
Π_3	0	0	1	0	0	0	1/2	0	$-1/2$
Π_4	0	0	0	1	0	0	1/2	1/2	1
Π_5	0	0	0	0	1	0	1/2	0	$-1/2$
Π_6	0	0	0	0	0	1	-1	1/2	1/2

根据上表可以得到悬臂式掘进机截割头参数与相似煤壁煤岩特性,可以得到 Π 准则,令相似指标参数 $C=K_m/K=1$,推出相似系数关系式:

$$
\begin{cases}
\Pi_1 = M_1 p^{\frac{3}{2}} \sigma^{-1} F^{-\frac{3}{2}} \\
\Pi_2 = M_2 p^{\frac{3}{2}} \sigma^{-1} F^{-\frac{3}{2}} \\
\Pi_3 = d p^{\frac{1}{2}} F^{-\frac{1}{2}} \\
\Pi_4 = V p^{\frac{1}{2}} \sigma^{\frac{1}{2}} F^{1} \\
\Pi_5 = H p^{\frac{1}{2}} F^{-\frac{1}{2}} \\
\Pi_6 = n p^{-1} \sigma^{\frac{1}{2}} F^{-\frac{1}{2}}
\end{cases}
\rightarrow
\begin{cases}
C_{M_1} C_p^{\frac{3}{2}} C_\sigma^{-1} C_F^{-\frac{3}{2}} = 1 \\
C_{M_2} C_p^{\frac{3}{2}} C_\sigma^{-1} C_F^{-\frac{3}{2}} = 1 \\
C_d C_p^{\frac{1}{2}} C_F^{-\frac{1}{2}} = 1 \\
C_V C_p^{\frac{1}{2}} C_\sigma^{\frac{1}{2}} C_F^{1} = 1 \\
C_H C_p^{\frac{1}{2}} C_F^{-\frac{1}{2}} = 1 \\
C_n C_p^{-1} C_\sigma^{\frac{1}{2}} C_F^{-\frac{1}{2}} = 1
\end{cases}
\rightarrow
\begin{cases}
C_d = C_H = 1/K_s \\
C_p = C_\sigma = 1 \\
C_{M_1} = C_{M_2} = (1/K_s)^3 \\
C_F = (1/K_s)^2 \\
C_v = 1 \\
C_n = K_s
\end{cases}
\tag{2-13}
$$

正常截齿在切割时受到截割阻力的公式如下:

$$
F_z = A \frac{(0.35 b_p + 0.3)}{(b_p + 0.45h + 2.3) k_\psi} \times \frac{h t k_z k_\phi k_y k_c k_{OT}}{\cos \beta}
\tag{2-14}
$$

过度磨损截齿受到的截割阻力公式如下:

$$
\begin{cases}
F_{zD} = F_z + \mu_D \sigma_y (0.8 S_j + K_\sigma) \\
F_{yD} = F_y + \sigma_y (0.8 S_j + K_\sigma) \\
F_{zD} = F_z \left(\frac{C_1}{C_2 + h} + C_3 \right) \frac{h}{t}
\end{cases}
\tag{2-15}
$$

式中 A——煤层的截割阻抗;

b_p——截齿工作部分的计算宽度;

h——平均截度;

k_ψ——煤的脆性系数;

t——平均截线间距;

k_z——外露自由表面系数,它的取值与截齿的工作宽度和截齿的切削宽度有关；

k_ϕ——截齿前刀面形状影响系数；

k_y——截角的影响系数；

k_c——截齿排列方式系数；

k_{OT}——地压对工作面煤壁影响系数；

β——截齿对于掘进机推进方向偏转角；

σ_y——单拉抗压强度（屈服强度）；

μ_D——材料泊松比，与材料特性有关；

S_j——截割平面上投影面积；

K_σ——应力集中系数；

C_1, C_2, C_3——截割时影响系数，与材料或几何形状有关的修正系数。

实验台可以进行不同截割状态的工作模式识别，针对实际作业下的常见故障，制作了截割头的不同状态，包括正常、失效、缺齿的截齿状态，图 2-3 所示为三种不同状态的截齿。

（a）正常   （b）失效   （c）缺齿

图 2-3　截割头故障类型

实际工况中，截割头截齿从全新到一定程度磨损的状态变化，会改变掘进机截割头的受力情况，影响截割头的作业稳定性。所以，通过采集掘进机截割时产生的振动信号并进行分析，可以判断截割头的实际工况。

2.1.2　基于相似材料的煤巷模拟装置设计

实验中以煤块、水泥、沙子以及水的质量配比作为控制变量，研究抗压强度的变化规律，采用 20 kN 微机控制电子万能实验机进行模拟煤样的单轴抗压强度的测试。设定加载速率为 1 mm/min,如表 2-4 所示,随着实验机给定载荷的逐渐增加,模拟煤样承压至发生破坏,得到抗压强度。

表 2-4　煤岩的单轴抗压强度

实验方案	水泥/kg	沙子/kg	水/kg	煤粉/kg	抗压强度/MPa
1	5	5	10	80	0.16
2	5	10	11	74	0.23
3	5	15	12	68	0.23
4	5	20	13	62	0.24
5	5	25	14	56	0.17
6	10	5	14	71	0.89
7	10	10	10	70	1.03
8	10	15	11	64	1.10
9	10	20	12	58	1.07
10	10	25	13	52	0.97
11	15	5	13	67	1.85
12	15	10	14	61	2.22

根据实验结果确定各个材料的质量配比,水泥、沙子、水、煤粉的质量为 10 kg、5 kg、14 kg、71 kg。浇筑强度为 0.89 MPa、对应天然煤岩强度为 8.9 MPa 的模拟煤岩。

2.2　掘进机截割部组件设计与传动部件选型

2.2.1　连接组件的设计

连接组件原型为掘进机截割部的固定外壳和防砸护板。截割模式从上到下,自左向右或自右向左。校核主要关注变形问题,采用静力学分析方法,简化模型分析、定义材料属性,施加荷载后进行仿真,如图 2-4 和图 2-5 所示。

施加 4 000 N 均布载荷,优化方案为在安装板底部焊接两条角钢(75 mm×75 mm×2 000 mm),仿真模拟校核其最大位移小于 8 mm,满足实际要求。

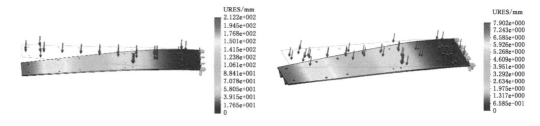

图 2-4　优化前连接组件变形　　　　　　图 2-5　优化后连接组件变形

2.2.2　回转组件的设计

对于回转组件的强度校核主要是分析其是否会发生撕裂,本研究借助 Solid-Works 静力学分析方法,简化模型分析,定义材料属性,定义固定几何体位置,在液压缸的固定销轴右下表面施加径向载荷 4 000 N·m 后,划分网格,并运行仿真得出关键参数应力、合位移、应变。图 2-6 所示为优化前后的参数对比。由图 2-6 可知改进后的机械结构解决了应力集中问题,优化后的应力、合位移、应变最大值仅为优化前对应参数最大值的 10%。

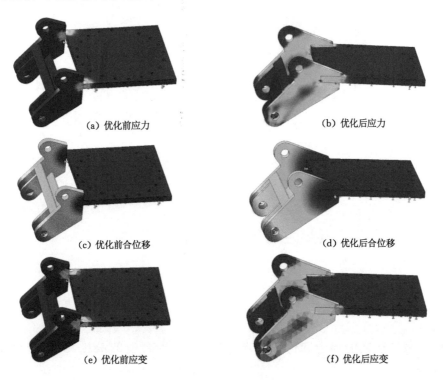

(a) 优化前应力　　　　　　　　　　　(b) 优化后应力

(c) 优化前合位移　　　　　　　　　　(d) 优化后合位移

(e) 优化前应变　　　　　　　　　　　(f) 优化后应变

图 2-6　回转组件优化前后的参数对比

2.2.3　传动部件选型

截割电机理论分析量纲式应为 L^2MT^{-3},满足截割的最小功率 9.63 kW,实际选择 11 kW 双速电机。考虑磁粉制动器在连接两轴传递扭矩方面的作用,根据所需扭矩为 127 N·m,选择 40 kg 的磁粉制动器,防止截割头卡死状态下烧坏截割电机。根据截割电机的转速和截割头的要求,选择二级行星齿轮减速器,确定减速比为 27,其结构紧凑、传动比大的优点能够满足需求。根据各传动轴参数和需要承载的扭矩,选用 DJM 弹性膜片联轴器。根据截割电机的最大输出扭矩为 126 N/m,选择 DJM04 系列联轴器(42-45,45-30)以及 DJM09 系列联轴器(两端轴径均为 80 mm),确保传递动力和转速的可靠性。为了避免减速器受到截割头传来的各种力和扭矩而损坏,选择 UCPH216 轴承,其具有防尘、耐用等特点,能够满足截割机的需求。组件与传动部件的装配如图 2-7 所示。

图 2-7　组件与传动部件装配

2.3　掘进机截割部实验台液压系统设计

2.3.1　液压系统仿真

根据系统运动的动力和行程需求,设计和选取合适的液压元件,进行组装试运行,主要包括泵站、阀门以及高压油管、管接头、压力表、油缸等的选取。对所设计的液压系统进行稳定性校核,保证系统安全稳定运行。液压泵站,经过两位三通电磁换向阀(弹簧复位)实现主回路的供油;主回路设有压力传感器测量主回路油压,经过六路(三位四通)电磁换向阀分别拖动六路液压缸,抬升下降两组,回转两组,进退两组。图 2-8 所示为液压仿真系统。

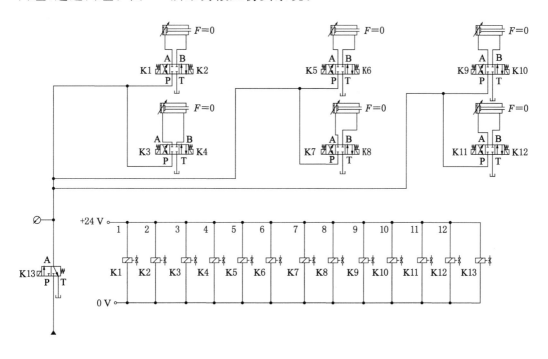

图 2-8　液压仿真系统

抬升下降液压缸行程为 0～200 mm;回转液压缸行程为 0～200 mm;进退液压缸行程为 0～400 mm。

2.3.2　液压泵选型

液压泵通过改变密闭结构的容积,达到吸压油液的目的,实现对油液的吸压,首先依据油泵电动机将电能转换成旋转机械能,然后将旋转机械能再转化成液压能。在这个过程中往往由于摩擦或者泄漏等导致机械能的损失,具体的能量损失如图 2-9 所示。

依据图 2-9 可知系统的能量转换关系如下:

$$P_{\mathrm{B}} = P_{\mathrm{Bi}} - \Delta P_{\mathrm{f}} - \Delta P_{\mathrm{v}} \tag{2-16}$$

不考虑其他因素的影响,转换后的液压功率公式如下:

$$P_{\mathrm{Bt}} = P_{\mathrm{B}} Q_{\mathrm{Bt}} = T_{\mathrm{Bt}} \omega_{\mathrm{B}} = 2\pi T_{\mathrm{Bt}} n_{\mathrm{B}} \tag{2-17}$$

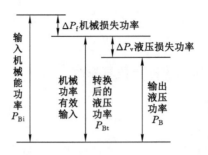

图 2-9 液压系统能量损失

式(2-17)中 T_{Bt} 表示泵轴的输入转矩，ω_B 表示泵轴的旋转角速度。

对于液压系统的要求为输出的液压缸的行程推进速度不超过 $v=0.025$ m/s，根据计算实验台上升油缸最小的推力升角为 15°，故液压系统的推力 $F_{\min}$ 应满足下列关系式：

$$F_{\min} > \frac{F_I}{\sin \zeta} \tag{2-18}$$

式(2-18)中 F_I 表示系统的基板组件以及固定在基板组件上的重力，ζ 表示液压缸推力方向与基板水平方向的夹角，由上式可推出 $F_{\min} > 31\ 000$ N。

液压系统所提供的压力与负载相关，也与液压缸的直径有关，本研究选取内径 D 为 80 mm 的液压缸推举系统，系统压力值计算公式见式(2-19)：

$$P_B = \frac{F_{\min}}{S} = \frac{F_{\min}}{\pi \left(\dfrac{D}{2}\right)^2} \tag{2-19}$$

故系统压力值为 $P_B = 6.17$ MPa。

液压系统的流量 Q_B 计算公式如下：

$$Q_B = Sv = \pi \left(\frac{D}{2}\right)^2 v \tag{2-20}$$

经计算可知 $Q_B = 0.125\ 6$ m³/s，由于每次都为双缸同步运动，实验台液压缸单行程消耗流量为单缸消耗流量的两倍。

考虑到液压系统的能量转换过程中，机械系统和液压系统损失的功率占总系统实际消耗功率的 0.4 左右，即 $\eta = 0.4$，则正常推举过程实际需要功率 $P_{Bt} = 2P_B Q_{Bt} \eta$，得出 $P = 3.875$ kW，实际选择 4 kW 电机和 VP20 叶片泵即可满足使用要求。

2.3.3 液压缸校核

本系统的机构在往返过程中要具有驱动一定负载的能力,故本研究液压缸的类型初步选取单缸双作用液压缸,其伸出的速度公式如下:

$$\begin{cases} (A_1 p_1 - A_2 p_2) \eta_m = F_L (p_2 > 0) \\ A_1 p_1 \eta_m = \dfrac{\pi}{4} D^2 p_1 \eta_m = F_L (p_2 = 0) \\ Q \eta_v = A_1 u_1 = \dfrac{\pi}{4} D^2 u_1 \end{cases} \tag{2-21}$$

缩回时的液压缸速度公式如下:

$$\begin{cases} (A_2 p_1 - A_1 p_2) \eta_m = F_L' \\ u_2 = \dfrac{Q \eta_v}{A_2} = \dfrac{4 Q \eta_v}{\pi(D^2 - d^2)} \end{cases} \tag{2-22}$$

上式中,A_1 表示大腔(无活塞杆腔)的面积,单位为 m^2;D 表示活塞杆的直径(液压缸的缸筒内径);A_2 表示小腔(有杆腔)的面积,单位为 m^2;d 表示活塞杆的外径,单位 m;η_m 表示机械效率;F_L 表示外负载,单位为 N;η_v 表示容积效率;Q 表示供液流量;u_1 表示活塞(活塞杆、液压缸)运动速度,单位为 m/s;p_1 表示大腔(无活塞杆腔)口的液体流量,单位为 m^2/s;p_2 表示小腔(有杆腔)口的液体流量,单位为 m^2/s。

式(2-22)中 F_L' 为反向驱动时的负载大小,单位为 N。

选择液压缸缸筒的壁厚为 δ 并作强度校核。本研究缸筒内壁直径 $D=0.08$ m,缸筒的壁厚 $\delta=0.01$ m,p_y 表示液压缸实验压力,$[\sigma]$ 表示缸筒材料许用应力,$[\sigma]=\sigma_b/n$,σ_b 表示液压缸筒抗拉强度,n 表示系统的安全系数,本研究选取 $n=5$,F_{Mg} 为液压缸承受的负载力,取 8 000 N。上述参数计算公式如下:

$$[\sigma] = \sigma_b/n = 345/5 = 69 \text{ (MPa)} \tag{2-23}$$

$$\delta/D = 0.01/0.08 = 0.125 \tag{2-24}$$

$$p_R = F/S = F_{Mg} \sin \varphi / [\pi(D/2)^2] = 8\ 000 \times 0.256 / [\pi(0.08/2)^2]$$

$$= 0.407 \text{ (MPa)} < 16 \text{ (MPa)} \tag{2-25}$$

当额定(设计)压力 $p_R < 16$ MPa 时,液压缸实验压力计算公式如下:

$$p_y = 1.5 p_R = 1.5 \times 6.22 = 9.33 \text{ (MPa)} \tag{2-26}$$

$\delta/D=0.08\sim0.3$ 时为中厚壁缸,壁厚 δ 按式(2-27)校核:

$$\delta \geqslant \frac{p_y D}{2.3[\sigma]-3p_y} = \frac{9.33\times80}{2.3\times47-3\times9.33} = 9.32 \text{ (mm)} \qquad (2\text{-}27)$$

故壁厚满足使用标准。

对于液压缸的缸底厚度 h 的计算公式如下:

$$h = 0.433d\sqrt{p_y/[\sigma]} = 0.433\times80\times\sqrt{9.33/47} = 15.4 \text{ (mm)} \qquad (2\text{-}28)$$

由于本系统液压缸的安装尺寸 L 与液压缸活塞杆的直径 d 之比,即 $L/d=0.7/0.05=14\geqslant10$,其中 $L=0.7$ m,故需要进行稳定性校核。对于液压缸的稳定性条件,计算公式如下:

$$F \leqslant \frac{F_k}{n_k} \qquad (2\text{-}29)$$

式(2-29)中 F_k 表示液压缸稳定临界载荷,单位为 N;F 表示液压缸最大的推力值,单位是 N;n_k 表示稳定安全系数,一般 n_k 取值范围为 $2\sim4$;d 表示液压缸活塞杆的直径,为 0.05 m。

$$(l/K) = (l/\sqrt{I/A}) = 0.2/\sqrt{\frac{\pi d^4/64}{\pi(d/2)^2}} = 16 \qquad (2\text{-}30)$$

$$m\sqrt{n} = 90\sqrt{1} = 90 \qquad (2\text{-}31)$$

上式中,l 表示液压杆的计算长度;I 为液压杆截面二次矩($I=\pi d^4/64$);A 表示液压杆横截面面积;m 表示柔度系数,本研究取值 90;n 表示末端条件系数,取值 1。

当活塞杆的柔度 $(l/K)<m\sqrt{n}$,按照戈登-兰金公式计算临界载荷,其中 f_c 表示材料强度,取 340×10^6 MPa,a 为实验常数,取 1/7 500,n 取 1,l 取 0.2,k 取 0.012 5:

$$F_k = \frac{f_c A}{1+\frac{a}{n}\left(\frac{l}{K}\right)^2} = \frac{340\times10^6\times\pi(0.05/2)^2}{1+\frac{1/7\ 500}{1}\left(\frac{0.2}{0.012\ 5}\right)^2} = 6.456\times10^5 \text{(N)} \qquad (2\text{-}32)$$

$$F \leqslant \frac{F_k}{n_k} = \frac{6.7\times10^5}{2\sim4} = 1.675\times10^5 \sim 3.35\times10^5 \text{(N)} \qquad (2\text{-}33)$$

故该液压杆的设计满足稳定性条件。

最终本研究选取 HSG 单杆双作用液压缸 8 t 推力,液压杆直径为 50 mm,液压缸筒外径为 90 mm,壁厚为 10 mm。

2.4　掘进机截割部实验台监控系统设计

电控系统通过以太网实现主站 PLC 与其他从站之间的通信,从而实现信息、指令在各个站点上的传送和接收,进而达到主站对其他从站的远程信号采集和控制。

2.4.1　电控系统硬件选择

电气控制系统的硬件选择关乎系统的稳定性和可靠性。在断路器选择方面,根据电力安全系数,选用功率为总功率的 1.25 至 1.8 倍,最终确定选用 50 A 的断路器。

为了保护电路,分支保护电路采用了 63 A 和 16 A 两种型号的熔断器,分别用于截割电机和油泵电机的保护电路。空气开关用于 220 V 电路系统中通断电路保护,避免电流涌动的影响。控制中心采用了三菱系列的 FX4U 可编程控制器,配备了拓展模块,以满足功能需求和输入输出接口数目的需求。继电器模组紧凑且安装方便,用于驱动主触点的通断。开关电源可将 220 V 电压转换成 24 V,以供电磁阀、传感器、继电器模组等设备使用。选择 11 kW 的西门子变频器 V20,用于控制截割电机的速度和方向。

由于交流接触器具有更大的电压电流承载能力,选用了 25 A 的型号。根据磁粉制动器规格,张力控制器选择了 0~4 A。组态显示屏选用了 TGA63-ET,配合高度可调的小 K 支架,以支持以太网通信和串口通信。电线规格方面,主动力线使用了 5×4 m² 的铜线,220 V 电压供给线选用了 2.5 m² 的多芯铜线,24 V 供电线选择了 0.5 m² 的多芯铜线,其他信号线使用了 0.3 m² 的多芯铜线。以上选择均旨在确保电气控制系统的安全性和稳定性。硬件系统组成如图 2-10 所示。

2.4.2　电控系统编程与端口分配

通过 PLC 的开关量节点,实现对拉线编码器的脉冲计数以监测液压缸位移量。通过 PLC 的模拟量模块,提取截割电机、减速器、油泵电机的温度、振动、压力、电流、电压、频率、功率、转速等相关信号。控制部分包括现场和远程控制,主

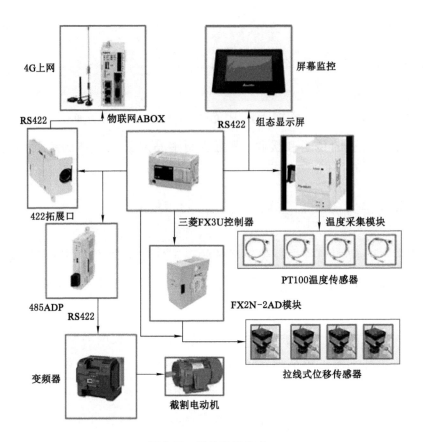

图 2-10 硬件系统组成

要实现截割电机的启停、高低速(750 r/min、1 500 r/min)的控制,通过控制电磁线圈的吸合,实现液压缸的伸缩控制,以及油泵电机的启停控制。PLC 编程时设备 I/O 分配如表 2-5 所示。

表 2-5 设备的 I/O 分配表

输入	功能说明	备注	输出	功能说明	备注
X0	A 相脉冲	编码器 1	Y0	油泵启动停止	交流接触器吸合
X1	B 相脉冲	编码器 1	Y2	主进油	溢流阀开启
X3	A 相脉冲	编码器 2	Y3	截割头伸长	伸长电磁阀门吸合
X4	B 相脉冲	编码器 2	Y4	截割头缩短	缩短电磁阀门吸合
X6	急停	SB1	Y5	截割头上升	上升电磁阀门吸合
X7	油泵启动	SB2	Y6	截割头下降	下降电磁阀门吸合
X10	油泵停止	SB3	Y7	截割头左转	左转电磁阀门吸合

表 2-5(续)

输入	功能说明	备注	输出	功能说明	备注
X11	热过载保护	FR1	Y10	截割头右转	右转电磁阀门吸合
X12	截割头左转	SB4	PT1	环境温度	差分测量
X13	截割头右转	SB5	PT2	油泵温度	差分测量
X14	截割头伸长	SB6	PT3	减速机温度	差分测量
X15	截割头缩短	SB7	PT4	截割电机温度	差分测量
X16	截割头上升	SB8	AD1	4~20 mA	拉线编码器 3
X17	截割头下降	SB9	AD2	4~20 mA	拉线编码器 4

在进行 PLC 接线时需要将模拟扩展模块的 VIN 端子和 IIN 端子进行短接，将拉线编码器的正端接入 24V（＋）的标准电压，另一端接入 24V（－）的标准电压后，接入到 VIN 端子（IIN 端子）与 COM 端子，构成闭合回路，图 2-11 所示为模拟量模块接线与梯形图。

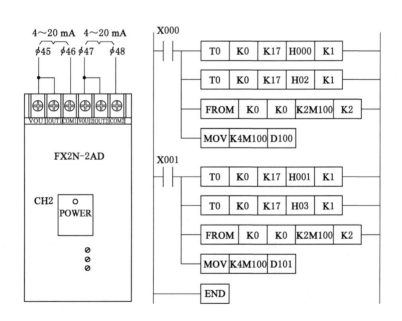

图 2-11　模拟量模块接线与梯形图

由于环境与设备的温度变化是光滑过渡的过程，故本温度采集系统选取平均温度作为采集目标。图 2-12 所示为温度采集模块及其采集程序。

为了保证通信质量，需要在变频器 P 端子和 N 端子之间串联 120 Ω 的终端

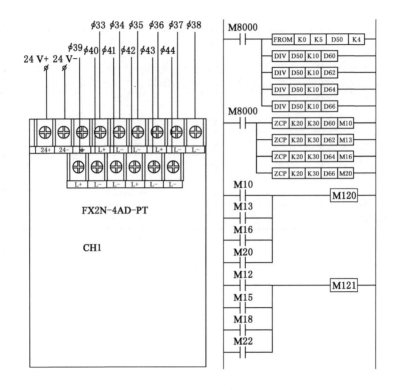

图 2-12 温度采集模块及其采集程序

电阻,10 V 端子和 P 端子之间串联 1 500 Ω 的电阻,PLC 与西门子 V20 变频器的通信采取 RS485,设置变频器与 PLC 相同通信参数,图 2-13 所示为 485ADP 的接线以及变频器控制程序。

本研究借助位移传感器进行掘进机截割头当前位置的检测,保证掘进机截割部实验台不与模拟煤壁发生碰撞,或者借助位移传感器的测量值进行反馈,对截割的轨迹进行规划。图 2-14 所示为自动截割控制程序。

如图 2-15 所示,XL-21 动力柜两侧分别开设强电出入口和弱电出入口,以及通信入口,间距超过 100 mm,减少电磁涡流对信号的影响。柜体上部还设有通信入口,内部预留有多个螺栓安装孔位,利用四个 M612mm 的螺栓固定安装板。输送电力的方向由上向下,自左向右。动力柜前旋转门壁上安装有嵌入式张力控制器,其具备多种参数控制方式,可通过旋转脉冲电位器或加减按键进行调节,设置有防误触锁。供电线(5 芯 4 方)一端连接到配电柜,另一端穿过电控柜左侧的供电接入口。断路保护器的三根火线接到熔断器 1 中,熔断器 1 负载端并出两组三相电接线,一组三相电接到熔断器 2 的输入端,另一组三相电接到变频器输入端。

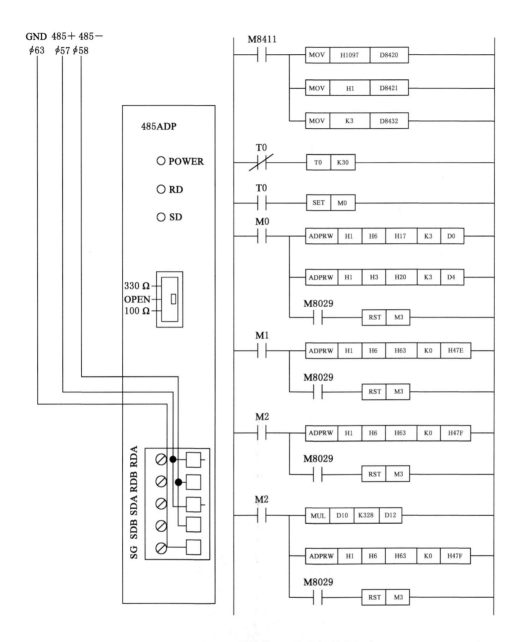

图 2-13　485ADP 的接线以及变频器控制程序

空气开关的负载端引出三组线,分别接到张力控制器、三菱可编程控制器 FX4U-
32MR 和开关电源的输入端。继电器模组的常开触点一端引出接线接到接线端
子 2~3 上,另一端并联后接到 0 V。三菱 PLC 预留了多个接口,装有 422 拓展口
模块、485ADP 模块、FX2N-4AD-Pt 模块、FX2N-2AD 模块,用于实验控制系统的
通信和输入输出。

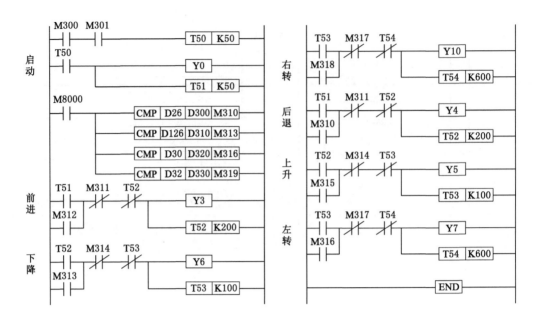

图 2-14　自动截割控制程序

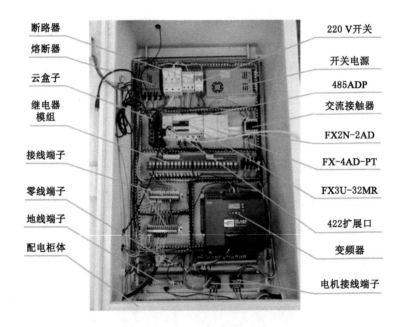

图 2-15　电控系统实物图

2.4.3　组态监控系统设计

组态监控系统,通过 RS422 与 PLC 通信,监控系统包括组态监控主界面（图 2-16）、旋转部件参数监控界面（图 2-17）、液压系统参数监控界面（图 2-18）、报警及曲线监控界面(图 2-19)、自动截割界面(图 2-20)、参数设置界面(图 2-21)。组态监控主界面完成对各个界面之间的切换。旋转部件参数监控界面包含了截割头、行星减速器、磁粉制动器、截割电机等运行参数信息。

图 2-16　组态监控主界面

图 2-17　旋转部件参数监控界面

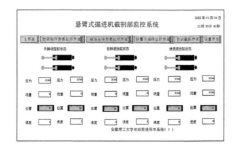

图 2-18　液压系统参数监控界面

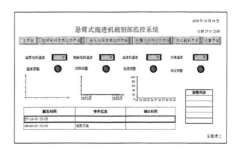

图 2-19　报警及曲线监控界面

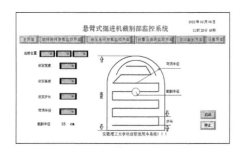

图 2-20　自动截割界面

图 2-21　参数设置界面

液压系统参数监控界面用于监控升降液压缸、回转液压缸、进退液压缸的压力、流量以及液压缸的伸缩长度、液压缸的运行速度。报警画面设置有油泵温度、截割电机温度、减速机温度、环境温度等数据显示窗口,同时设有温度报警、扭矩报警、电流报警、电压报警等。

自动截割界面包含当前位置信息，并且包含巷道成型断面的重要参数，如设定宽度、高度、步长、穿顶半径、截割半径，可对截割轨迹进行跟踪，设置界面主要包括对截割电机的启停控制、对变频器的参数设定。

2.5 掘进机截割部振动特性分析

图 2-22 所示为掘进机截割部实验平台，将机械系统、液压系统、电控系统等进行联合调试，整个实验平台可实现掘进机截割部的抬升、下降、左右回转、变频截割等功能，满足数字孪生系统对于掘进机截割部实物的要求。

图 2-22　掘进机截割部

EBZ260H 型掘进机截割头有两种工作模式，分别是 27 r/min 和 55 r/min，截割电机通过联轴器连接行星减速器，减速比为 1∶27，最终驱动截割头进行旋转截割。对应变频器的输入频率分别为 25 Hz 和 50 Hz，实验中使用模拟煤壁进行截割实验，模拟煤岩的质量配比为 71∶5∶10∶14，对应天然煤岩的特性[73]。加速度振动传感器安装在轴承座上方，采样频率为 2 048 Hz，采样时间为 1 s。截割方向为从右向左，掘进机截割臂回转速度为 0.6 m/min。实验设置了三种不同状态的截割头：无故障、失效和缺齿。每种截割头配合两种转速(25 r/min 和 50 r/min)截割模拟煤岩，分别对应 6 种截割工况。截割过程及效果如图 2-23 所示。

为了方便分析及对比不同截割工况下的振动信号，将无故障 50 Hz 截割煤岩、无故障 50 Hz 截割煤岩、失效 25 Hz 截割煤岩、失效 50 Hz 截割煤岩、缺齿 25 Hz截割煤岩和缺齿 50 Hz 截割煤岩，分别命名为截割模式 1、截割模式 2……截割模式 6。采集得到 6 种截割模式下的振动信号，如图 2-24 所示。

（a）掘进机截割过程图

（b）掘进机截割成型断面效果

图 2-23 掘进机截割过程及效果

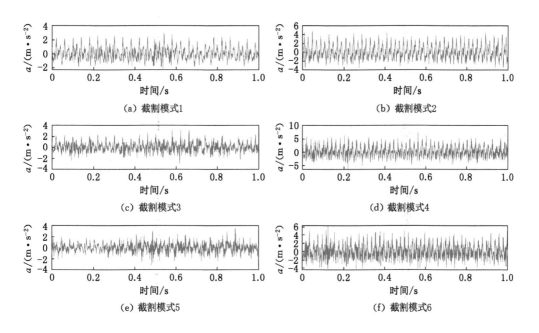

（a）截割模式1

（b）截割模式2

（c）截割模式3

（d）截割模式4

（e）截割模式5

（f）截割模式6

图 2-24 6种截割模式振动信号

从图 2-24 可以看出，截割模式 1、截割模式 3 与截割模式 5 的波形及加速度范围大致相同，且 3 种截割模式受噪声干扰，波形较为紊乱；截割模式 2、截割模式 4 与截割模式 6 的波形及加速度范围高度相似，但受噪声影响较小，波形较为规律，在加速度幅值范围上略高于截割模式 1、截割模式 3 与截割模式 5。虽然 6 种截割模式的加速度信号之间存在细微差距，但无法确定具体的截割模式。对 6 种截割振动信号的频域进行分析，分别绘制出 6 种截割模式振动信号的语音频谱图，如图 2-25 所示。

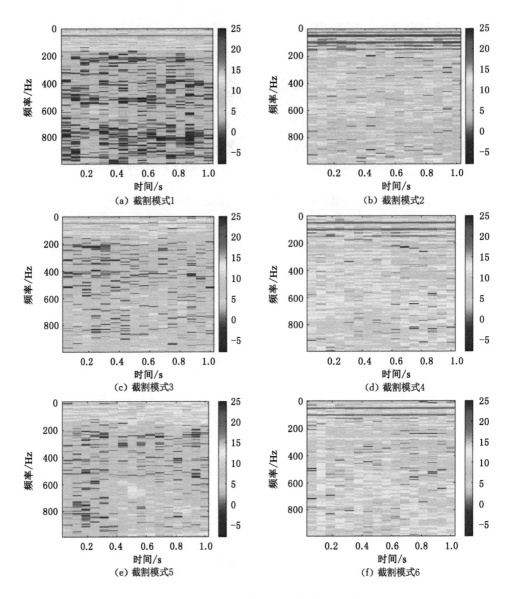

图 2-25　6 种截割模式截割信号语谱图

由图 2-25 可以看出 6 种截割模式的主要截割频率范围均在[0 Hz,200 Hz]区间范围内,其中截割模式 1、截割模式 3 和截割模式 5 频域特性较为相近,具有一个明显的主频特征,且幅值大致相同。截割模式 2、截割模式 4 和截割模式 6 频域特性较为相近,具有两个明显的主频特征,且幅值也大致相同。因此,从频域来看,无法区分出 6 种截割模式。

综上所述,无法根据截割振动信号的时域特性和频域特性辨别出具体的截割模式。为此,对振动信号作进一步处理与研究。

3 掘进机截割部振动信号预处理方法

通过前文分析,无法从时域和频域特征识别故障信息。本章分析了振动信号产生的机理和噪声的来源,使用基于 CDO-ICEEMDAN-WT 和降噪卷积自编码器的振动信号降噪方法,滤除掘进工作面环境噪声。在此基础上,提出基于参数优化变分模态分解的振动信号分解方法,使用智能优化算法对变分模态分解超参数寻优,根据最大相关系数选取降噪后的截割振动信号特征分量,为特征提取和故障诊断提供较为纯净和最具代表性的特征分量。

3.1 截割振动信号分析

3.1.1 振动信号产生分析

掘进机工作时,利用截割头上按螺旋线分布的截齿与煤岩的冲击挤压,使煤岩破裂崩落。掘进机截齿与煤岩发生碰撞时,引起煤岩及掘进机的振动,产生截割振动信号。截割时,截齿与煤岩之间进行冲击、挤压与摩擦等运动,如图 3-1 所示。

掘进机破碎煤岩的过程可分为冲击挤压、剪切变形、破碎推进等过程。掘进机主要通过截割头旋转和液压系统推进的方式,以一定的速度和力量在煤岩中进行切割。截齿在煤岩上施加一定的切割力,两者触碰的瞬间会产生极大的冲击力,且集聚在齿尖附近极小的范围内,煤岩被挤压变形。此时,产生的振动信号呈现高频率、大幅值的特点,且幅值衰减较为迅速。截齿表面与煤岩之间的剪切作

图 3-1　截割头破岩过程

用导致煤岩表面局部破坏。截齿施加的剪切力导致煤岩表面形成裂纹,并随着剪切力的增加而扩展。煤岩内部或表面的裂纹扩展最终导致煤岩断裂,形成碎片或颗粒。掘进机在液压系统的推进下促使截齿在煤岩中不断摆动截割臂,持续进行切割和破碎。煤岩破碎后,碎片或颗粒可能会在截齿带动下掉落到地面,被行星轮及刮板运输系统转运以便继续挖掘作业。

综上所述,掘进机截割振动信号主要是依靠截齿与煤岩间持续的冲击、挤压以及摩擦等交互行为产生的。实际上,在不同阶段的截割破岩过程中,截齿与煤岩间力的作用与大小是不一致,因此,形成的截割振动信号也存在差异性。此外,截割头上有多个截齿共同参与破岩工作,各个截齿的运动状态不尽相同。因此,某一时刻采集的截割振动信号中蕴含有不同破岩阶段的振动信号成分。

3.1.2　振动信号的噪声分析

（1）掘进机机身的振动

掘进机作为巷道掘进的重型机械设备,其结构复杂,包含多个动力系统、传动系统及液压系统。动力源包括大功率截割电机和油泵电机等,电机在工作时会产生振动,振动会传递到机体全身,特别是在高负荷和高转速下,机身的振动更为明显。传动系统中各种传动部件,如传动轴、齿轮箱及联轴器运转时产生的振动也会传递到机身。液压系统工作时,驱动掘进机的行走机构及回转机构,这些机构的运动也会引起机身的振动。

（2）信号采集的电磁干扰

掘进机内部的电气设备,如电动机、变频器等会产生电磁场干扰。控制电路、传感器和采集系统的运行对周围电磁环境产生影响。其他电气设备、通信设施、高压输电线路等的电磁场干扰振动信号的采集。这些电磁干扰会在振动信号的频谱特征中产生噪声,如频率混叠或特定频率噪声。

（3）环境因素干扰

掘进机周围的其他机械设备、交通工具或工业设施的振动会影响信号采集过程。地质条件变化、岩层的振动或地震等自然地质现象也能产生振动干扰。面的不平坦度、地基不稳定或地形变化都可能影响掘进机振动信号采集。人员操作掘进机过程中产生的振动也会影响信号采集。

基于上述分析,掘进机截割煤岩时采集的振动信号,包含多种噪声信号的耦合,这对截割振动信号的分析会产生影响,须进行降噪分析。

3.2　基于 CDO-ICEEMDAN-WT 的振动信号降噪方法

针对掘进机截割振动信号在采集过程中易受背景强噪声干扰的现象,提出了结合切诺贝利算法（CDO）[74]优化改进自适应噪声完备经验模态分解（ICEEM-DAN）和小波阈值的联合降噪方法。该方法首先利用 CDO 优化了 ICEEMDAN 的白噪声幅值权重和噪声添加次数,并对含噪信号进行了 CDO-ICEEMDAN 分解,生成若干本征模态函数（IMF）;其次利用阈值公式依据各个 IMF 与含噪信号的互相关系数,筛选出含噪量多的 IMF,并对其进行 WT 降噪;最后重构剩余IMF 与降噪后的 IMF,从而完成信号降噪。此方法能够有效去除信号中的背景噪声影响,并保留原始截割振动信号的主要特征频率。CDO 算法优化 ICEEM-DAN 参数流程如图 3-2 所示。

由于 ICEEMDAN 方法的分解效果取决于白噪声幅值权重（Nstd）和噪声添加次数（NE）,因此,本研究采用 CDO 对 ICEEMDAN 的 2 个参数进行优化。适应度函数采用包络熵,因为包络熵代表原始信号的稀疏特性,当 IMF 中噪声较多,特征信息较少时,则包络熵值较大,反之,则包络熵值较小。通过优化和更新,来确定最终的最佳参数组合（Nstd,NE）。优化步骤如下:

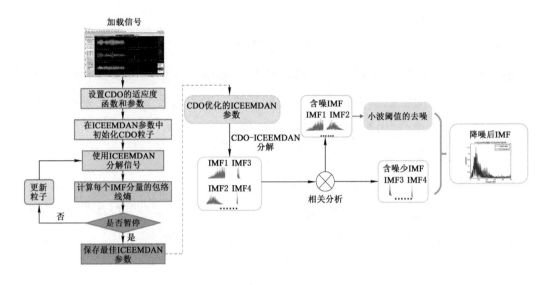

图 3-2　CDO 算法优化 ICEEMDAN 参数流程图

（1）CDO 算法的种群初始化，设置 CDO 的迭代次数和种群规模，并设置 ICEEMDAN 算法的参数优化范围。

利用 ICEEMDAN 分解信号，并计算各个 IMF 分量包络熵的最小值作为适应度函数。

（2）判断优化是否达到算法的终止条件，若是，则继续下一步；若否，则更新种群位置，并返回第（2）步。

（3）保存最优的 ICEEMDAN 参数组合，并将其代入 ICEEMDAN 中，为 ICEEMDAN 构建 CDO 算法。

（5）利用 CDO-ICEEMDAN 方法分解信号，得到最佳的 IMF 分量。

为验证本研究所提 CDO-ICEEMDAN-WT 方法的有效性，以截割模式 1 振动信号为例，对采集到的截割振动信号进行频谱分析，如图 3-3 所示，从图中可以看出，掘进机截割振动信号的主要频率介于 0～200 Hz 之间。

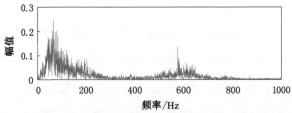

图 3-3　截割振动信号的频谱图

利用 CDO 优化算法优化 ICEEMDAN 并与 PSO-ICEEMDAN、GWO-ICEEMDAN、GRO-ICEEMDAN 和 AOA-ICEEMDAN 四种算法对比,5 种优化算法的迭代曲线如图 3-4 所示。

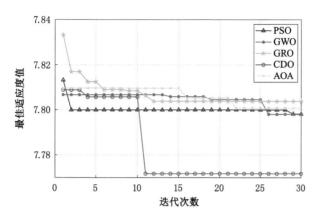

图 3-4　5 种优化算法的迭代曲线

从图 3-4 可知,经过 11 次迭代后,CDO 算法得到的最优解优于其他四种算法,表明 CDO 在优化过程中的效率和性能都很高。联合方法降噪后重构的截割振动信号波形图如图 3-5 所示,频谱图如图 3-6 所示。

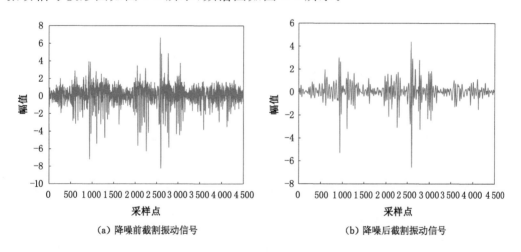

（a）降噪前截割振动信号　　　　　　（b）降噪后截割振动信号

图 3-5　降噪前后截割振动信号的波形

由图 3-6 可知,利用 ICEEMDAN-WT 联合降噪方法对截割振动信号进行处理后,得到的降噪信号与原始信号的重合度高,明显减少了截割信号中的背景噪声。从图 3-6 可以观察到,截割信号中的高频信号基本被滤除了,清晰呈现出原始信号中的主要频率并且幅值变化不大。

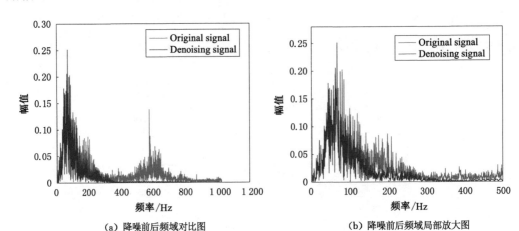

（a）降噪前后频域对比图　　　　　　　（b）降噪前后频域局部放大图

图 3-6　降噪后截割振动信号的频谱图

3.3　基于降噪卷积自编码器的振动信号降噪方法

降噪卷积自编码器（denoising convolutional auto-encoder，DCAE）能够将输入的含有噪声的数据进行重构并还原出无噪声的数据。降噪自编码器仍然由编码器和解码器组成，具有很强的抗干扰能力，可去除噪声对数据的影响，输出对应数据的无噪声样本。降噪卷积自编码器的目的是降低降噪后的数据与原始数据的误差。降噪卷积自编码器模型参数如表 3-1 所示，其中，编码器由三层通道为4、16、32 的卷积层和池化层组成，卷积核的大小为 1；解码器由三层通道为 32、16、4 的一维反卷积（1-deminsion convolution transpose）和上采样（up sampling）组成。编码器和解码器之间连接两个全连接层，在编码器和解码器中采用 PReLU激活函数避免过度稀疏的特征对编码器和解码器造成负面影响。

表 3-1　DCAE 网络模型参数

名称	卷积参数	结果输出
input_1	/	(2048, 1)
Conv1d_1	1 * 3，s＝1, c＝4	(2048,4)
MaxPool_1	1 * 2,s＝2	(1024,4)
conv1d_2	1 * 3 s＝1 c＝16	(1024, 16)

表 3-1（续）

名称	卷积参数	结果输出
MaxPool_2	1 * 2,s＝2	(512, 16)
conv1d_3	1 * 3 s＝1 c＝32	(512, 32)
MaxPool_3	1 * 2,s＝2	(256, 32)
FC_1	/	1000
FC_2	/	81921
Conv1d_Transpose_1	1 * 2 s＝1 c＝32	(256, 32)
Up_Sample_1	1 * 2	(512, 32)
conv1d_transpose_2	1 * 2 s＝1 c＝16	(512,16)
Up_Sample_2	1 * 2	(1024,16)
conv1d_transpose_3	1 * 2 s＝1 c＝4	(1024,4)
Up_Sample_3	1 * 2	(2048,1)

　　为了测试卷积自编码器的降噪能力，采用不同信噪比的截齿振动信号实验，并以信噪比为－2 和 2 的数据做分析，如图 3-7 和图 3-8 所示。从图中可以看出含有噪声的振动信号经过降噪后，基本可以还原出原信号，波形与原信号相似，振幅和相位略有差异，从含有噪声的截齿振动信号中自适应学习信号特征，从而具有良好滤除噪声的能力。

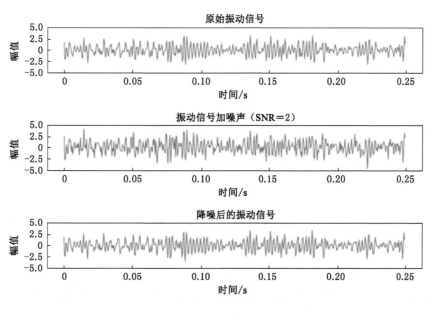

图 3-7　SNR＝2 降噪效果图

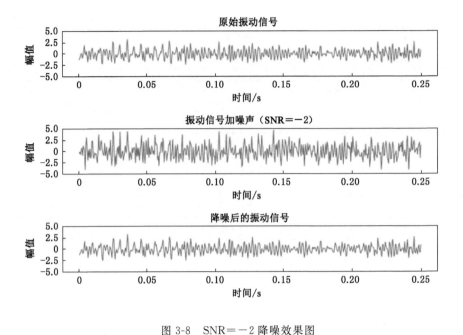

图 3-8　SNR＝－2 降噪效果图

3.4　参数优化变分模态分解振动信号分解方法

3.4.1　基于 RIME-VMD 的振动信号分解

雾凇优化算法(rime optimization algorithm,简称 RIME)作为一种新型群智能优化算法,拥有寻优速度快、全局搜索能力强以及求解结果稳定等优点[75]。为此,本研究提出使用 RIME 算法进行 VMD 的参数优化处理,以得到 VMD 的最优参数组合。寻求最优参数组合$[K,\alpha]$的具体流程如下:

(1) 初始化 VMD 和 RIME 算法的基本参数,生成雾凇初始种群;

(2) 计算雾凇种群初始化位置适应度值,对比每个雾凇搜索单元的适应度,确定当前最优雾凇搜索单元和最优适应度值;

(3) 记录当前雾凇种群,更新当前雾凇粒子位置;

(4) 采用硬凇穿刺机制进行信息的交换,继续更新当前雾凇粒子位置;

(5) 利用正贪婪选择机制迭代更新 RIME 算法中的最优解;

(6) 判断迭代是否完成,如果是,则迭代结束,输出全局最优解,即确定 VMD

算法的最优$[K,\alpha]$;如果没有,则重新回到步骤(3)进行迭代。

为了验证本研究提出的 RIME-VMD 算法的有效性能,构建仿真信号进行分析。鉴于前文分析,掘进机截割振动信号主要由截割头冲击煤岩介质产生,因此,建立仿真信号如下:

$$\begin{cases} x_1(t) = 0.3\cos(200\pi t), t \leqslant 0.6 \\ x_2(t) = 0.5t\sin(450\pi t) \\ x_3(t) = 2e^{-200t_1}\sin(780\pi t + \pi/4) \\ x(t) = x_1(t) + x_2(t) + x_3(t) + x_3(t) + \eta(t) \end{cases} \tag{3-1}$$

式中,$x_1(t)$为 100 Hz 的突变信号,$x_2(t)$为 225 Hz 的非稳态信号,$x_3(t)$为冲击频率 10 Hz、共振频率 390 Hz 的冲击信号,$\eta(t)$为 15 dB 的高斯白噪声。

设置采样频率 1 000 Hz,采样时间 1 s,得到仿真信号的波形如图 3-9 所示。图 3-9 中冲击信号 $x_3(t)$经 $x_1(t)$、$x_2(t)$ 2 个信号混合以及噪声影响,合成的仿真信号 $x(t)$难以体现冲击成分。为此,使用提出的 RIME-VMD 算法处理仿真信号。设置算法的基本参数如表 3-2 所示。

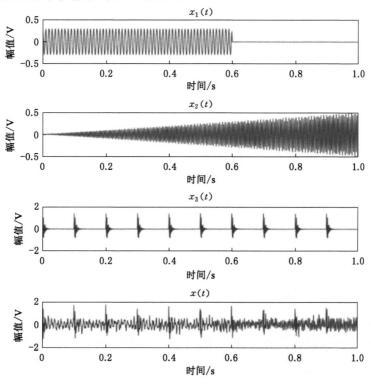

图 3-9 截割仿真信号

表 3-2 RIME-VMD 参数设置

参数类型	数值
迭代次数	30
种群规模	30
优化参数	2
参数变量上限	[3 000,10]
参数变量下限	[100,2]
分段数	5

RIME 算法通过迭代求解 VMD 最优参数组合获得 RIME-VMD 适应度曲线,如图 3-10 所示。

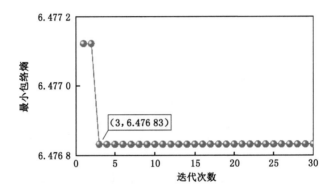

图 3-10 RIME-VMD 适应度曲线

如图 3-11 所示,RIME 算法搜索的全局最优适应度即最小包络熵出现在第 3 次迭代,为 6.476 83,得到最佳参数组合 $[K,\alpha]=[3,304.4]$。将得到的最优参数组合输入 VMD 算法中,分解仿真信号得到 3 个 IMF 分量,如图 3-11 所示。

如图 3-12 所示,截割仿真信号 $x(t)$ 经 RIME-VMD 方法处理后得到 3 个 IMF 分量,其中 IMF1、IMF2 和 IMF3 分别与 $x_1(t)$、$x_2(t)$ 和 $x_3(t)$ 对应,获得分量与原始信号间的相似度较高。对比信号间的频率,得到结果如图 3-12 所示。

如图 3-12 所示,仿真信号 $x(t)$ 经分解处理后得到的 3 个 IMF 分量主要频率与原始分量信号 $x_1(t)$、$x_2(t)$、$x_3(t)$ 的主要频率一致,且幅值基本相近。受噪声影响,IMF1 和 IMF2 的频谱中含有少量噪声频率成分,IMF3 中一些冲击频率成分被滤波相除。为体现本研究提出的 RIME-VMD 算法的性能,同时选择粒子群优化 VMD(particle swarm optimization-VMD;PSO-VMD)、鲸鱼优化算法优化

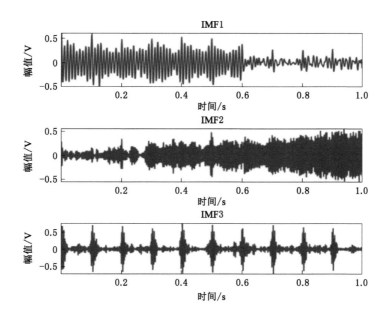

图 3-11　截割仿真信号 RIME-VMD 分解结果

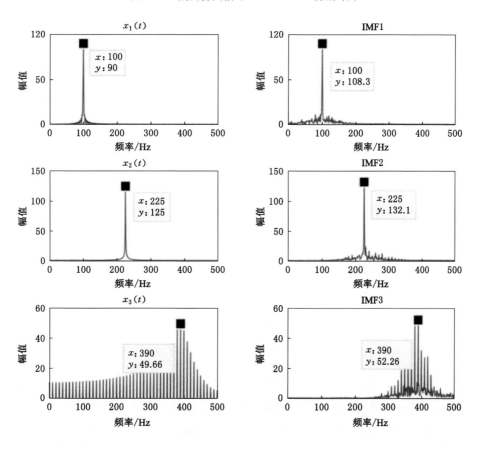

图 3-12　信号分解频率对比

VMD(whale optimization algorithm：WOA-VMD)、灰狼优化算法优化 VMD (grey wolf optimizer-VMD：GWO-VMD)和麻雀搜索算法优化 VMD(sparrow search algorithm-VMD：SSA-VMD)进行对比,适应度函数曲线如图 3-13 所示。

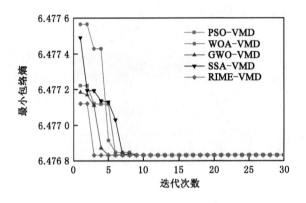

图 3-13　参数优化 VMD 算法迭代曲线

不同算法的种群规模和迭代次数均为 30。此外,PSO-VMD 算法中两个学习因子设为 2,最大权重和最小权重分别为 0.9 和 0.4;WOA-VMD 算法的空间维度为 2;SSA-VMD 算法中发现者和预警麻雀比例均为 20%,预警值设为 0.6。本研究提出的 RIME-VMD 算法最先完成收敛。PSO-VMD、WOA-VMD 和 GWO-VMD 算法前期收敛速度较慢,而 SSA-VMD 虽然前期收敛速度较快,在第 9 代左右基本完成收敛。

为直观体现提出方法的分解性能,分别用 5 种算法对仿真信号进行 10 次处理,得到 5 种算法达到最优迭代次数和算法寻优时间,如图 3-14 所示。

从图 3-14(a)中可以看出,5 种算法中,RIME-VMD 算法的最优迭代次数最低,其均值为 3.5 次;PSO-VMD 的最优迭代次数均值为 7.4,WOA-VMD、GWO-VMD 和 SSA-VMD 算法的最优迭代次数基本相近。图 3-14(b)所示为 5 种算法的寻优时间,其中本研究提出的 RIME-VMD 算法的平均寻优时间最短,为 18.32 s,SSA-VMD 算法的平均寻优时间最长,为 52.84 s,WOA-VMD 算法的寻优时间误差最大。相较而言,RIME-VMD 算法在处理信号时的最优迭代次数更少,寻优时间更短,处理效率优于其他算法。

同时,作为对比,应用 ICEEMDAN 方法处理仿真信号 $x(t)$,其中分解过程中添加噪声的标准偏差为 0.2,次数为 50,ICEEMDAN 最大迭代次数为 50,得到结

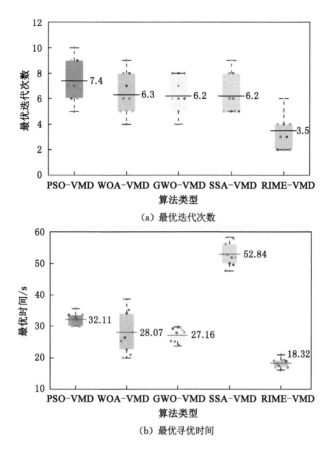

（a）最优迭代次数

（b）最优寻优时间

图 3-14　5 种算法优化性能对比箱线图

果如图 3-15 所示。

　　由图 3-15 可知,仿真信号经 ICEEMDAN 方法分解后得到 9 个 IMF 分量,远高于原始信号 $x(t)$ 中含有的信号分量,分解结果中出现了虚假分量。此外,IMF1中含有 $x_2(t)$ 和 $x_3(t)$ 的成分,出现模态混叠现象。因此,相较而言,截割仿真信号经 RIME-VMD 处理后得到了较好的分解结果。该方法避免了传统递归式模态分解存在的模态混叠问题,且具有一定的噪声鲁棒性。

　　为有效提取不同截割模式振动信号的特征,应用提出的 RIME-VMD 处理振动信号。以截割模式 3 的振动信号为例进行信号处理,得到算法的适应度函数,如图 3-16 所示,截割模式 3 振动信号经 RIME-VMD 方法分解,在第 4 代时达到了最小值 6.686 44 后完成收敛,输出最优参数组合 $[K,\alpha]=[3,650.23]$。将寻优得到的参数组合输入 VMD 算法中,分解振动信号获得 3 个 IMF 分量如图 3-17所示。

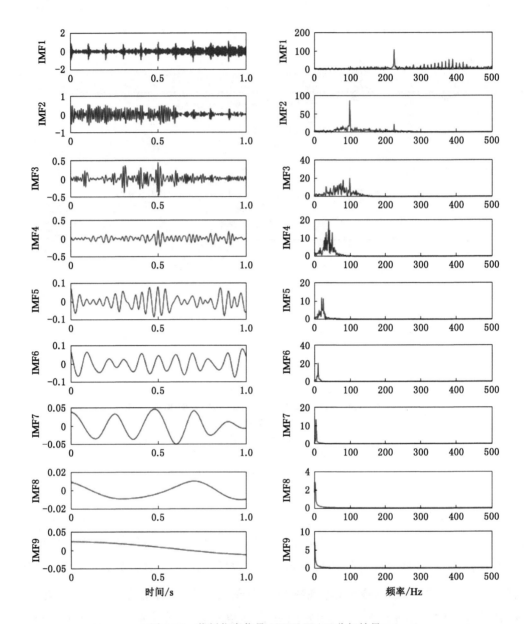

图 3-15　截割仿真信号 ICEEMDAN 分解结果

同理,用前文提到的 PSO-VMD、WOA-VMD、GWO-VMD 和 SSA-VMD 算法对截割振动信号进行处理,得到 5 种算法的迭代寻优曲线,如图 3-18 所示。从图 3-18 中可以看出,磨损截割头振动信号经 RIME-VMD 算法处理后最快达到最优值,满足收敛要求,GWO-VMD 算法的前期收敛速度较快,但后期寻优速度相对较慢,PSO-VMD、SSA-VMD 及 WOA-VMD 的迭代寻优效果整体一般。利用上述 5 种算法对截割振动信号进行 10 次处理,得到各算法寻优收敛情况如表 3-3 所示。

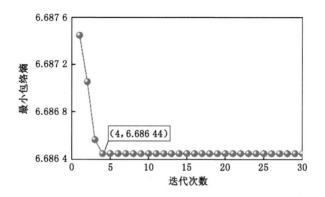

图 3-16 振动信号 RIME-VMD 分解适应度曲线

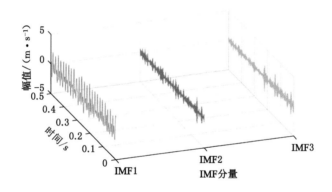

图 3-17 截割振动信号 RIME-VMD 分解结果

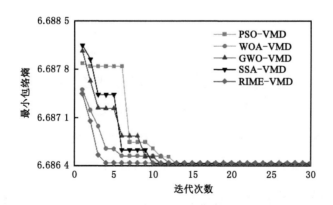

图 3-18 截割振动信号分解迭代曲线

表 3-3 截割振动信号不同算法处理情况

算法	平均最优迭代次数	平均寻优时间
PSO-VMD	11.6	57.43 s
WOA-VMD	10.3	48.75 s
GWO-VMD	9.7	53.08 s
SSA-VMD	9.2	71.52 s
RIME-VMD	6.3	29.89 s

对比 5 种算法的处理效果,RIME-VMD 算法的平均最优迭代次数最低,为 6.3 次;PSO-VMD 的平均最优迭代次数最大,为 11.6,WOA-VMD、GWO-VMD 和 SSA-VMD 算法的平均最优迭代次数基本相近。此外,本研究提出的 RIME-VMD 算法的平均寻优时间最短,为 29.89 s,明显低于其他 4 种算法。通过对比得出,RIME-VMD 算法在处理截割振动信号时的平均最优迭代次数更少,寻优时间更短。

3.4.2 基于 GJO-VMD 的振动信号分解

使用金豺优化(GJO)[76]算法对 VMD 参数 K 和 α 进行寻优时,需要确定合适的适应度函数以进行结果位置最优性判定。掘进机作业时,通过截割电机带动截割头旋转。截割头上安装的截齿对煤岩介质进行规律性冲击、碰撞和摩擦,产生的截割振动信号存在明显周期性。因此,VMD 分解振动信号得到的 IMF 分量中含有较多的截割特征信息,本研究以包络熵为适应度函数,求解 VMD 分解得到的 IMF 分量包络熵,以最小包络熵为寻优目标,确定全局最优金豺优化算法对应空间位置即得到最优[K,α]。GJO-VMD 算法流程如图 3-19 所示。

为验证该方法在真实截割振动信号分解中的表现,基于搭建的试验台,制作 1 MPa 抗压强度(对应天然煤岩 10 MPa)的模拟煤岩,使用无故障截割头截割模拟煤岩,设置截割方向为从右向左,掘进机截割臂回转速度为 0.6 m/min,设置变频器的频率为 25 Hz。设置振动传感器采样频率为 2 048 Hz,采样时间为 1 s,得到的振动信号如图 3-20 所示。

为了提取截割振动信号中的有效信息,采用本研究提出的 GJO-VMD 算法分解截割振动信号,绘制出 GJO-VMD 算法的适用度曲线,如图 3-21 所示。

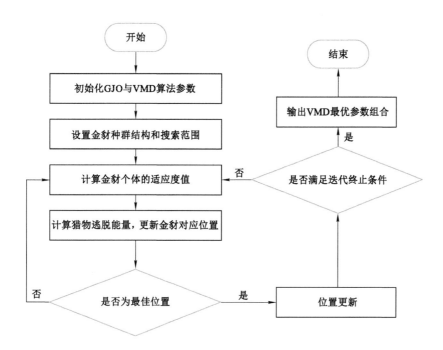

图 3-19 GJO-VMD算法流程图

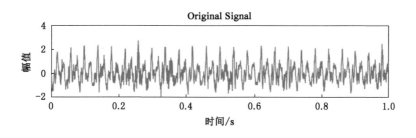

图 3-20 截割振动信号

从图 3-22 中可以看出,当迭代到第 3 次时,最小包络熵适应度函数值为 7.36,得到最佳参数组合 $[K,\alpha] = [3,135.6]$,使用最佳参数组合进行 VMD 分解,得到截割振动信号的分解结果,如图 3-22 所示。

为有效提取振动信号中的截割特征信息,利用相关系数法筛选最优 IMF 分量。以磨损截割头截割振动信号为例,求解各 IMF 分量的相关系数。

从表 3-4 中可知,IMF2 分量的相关系数值最大,为 0.71,与原始截割振动信号的相关程度最高,因此选择 IMF2 为特征分量。

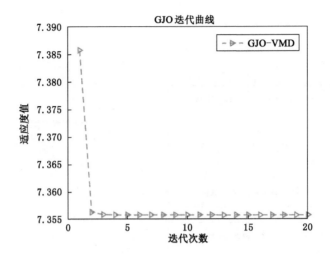

图 3-21　截割信号 GJO-VMD 算法适应度曲线

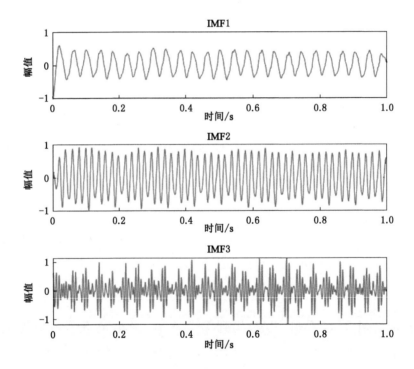

图 3-22　截割信号 GJO-VMD 分量时域图

表 3-4　IMF 分量的相关系数

分量	相关系数
IMF1	0.42
IMF2	0.71
IMF3	0.60

为了进一步体现出 GJO-VMD 算法的性能，使用前文所述的 WPT、EMD 和 LMD 三种方法对截割振动信号进行处理。如图 3-23 所示，经过 WPT 处理的信号，得到两个分解水平，共 6 个分量信号，在第一个分解水平上，存在 1 个低频信号和 1 个高频信号。其中低频信号与原始信号相似，无法体现出截割特性，高频信号为噪声成分。在第二个分解水平上，存在 1 个低频信号和 3 个高频信号。其

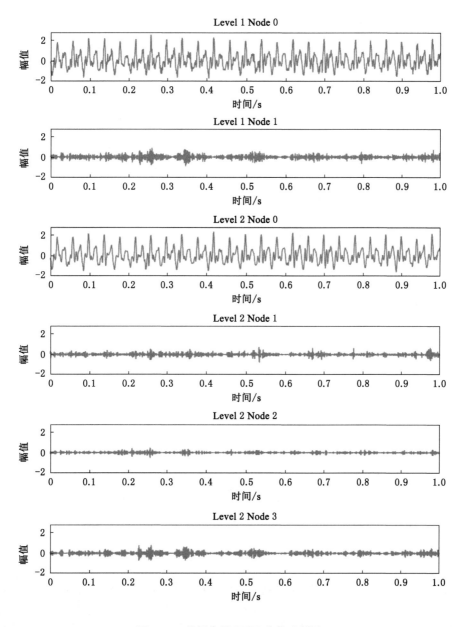

图 3-23　截割信号 WPT 分量时域图

中低频信号与第一个分解水平上的基本相同,噪声信号被过度分解,形成 3 个高频信号;6 个分量信号均无法体现原始信号的冲击特性与非平稳特性。

如图 3-24 所示,经过 EMD 处理的信号,得到 9 个 IMF 分量,其中 IMF1 具备噪声信号与冲击信号的耦合特性,IMF2 具备基本的冲击特性,但是不够明显,IMF3 与非平稳信号较为相似,但在幅值上低于原始信号,该部分信号被过度分解为其余的 IMF 分量。相较于 WPT 分解,EMD 分解出的信号能基本体现出原始信号的特性,但信号被过度分解,产生了虚假分量。

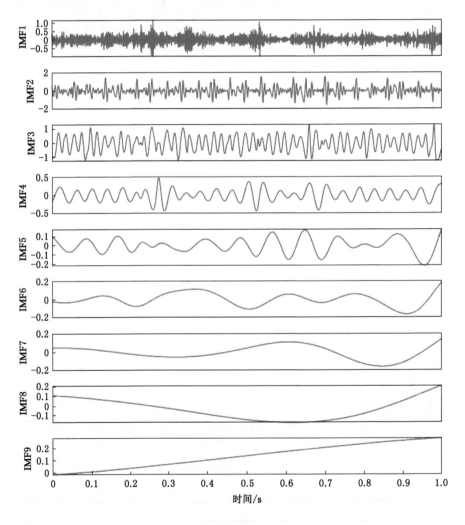

图 3-24　截割信号 EMD 分量时域图

如图 3-25 所示,经过 LMD 处理的信号,得到 6 个 PF 分量,其中 PF1、PF2 和 PF3 与 EMD 分解出的 IMF1、IMF2 以及 IMF3 特性相同,但产生的虚假分量数量比 EMD 分解产生虚假分量少了一倍。总体而言,相较于传统的信号分解方法,本研究提出的 GJO-VMD 方法处理截割振动信号时,分解结果能够明显体现原始信号的特性,不会产生虚假分量,且分解性能高于其他传统信号分解方法。

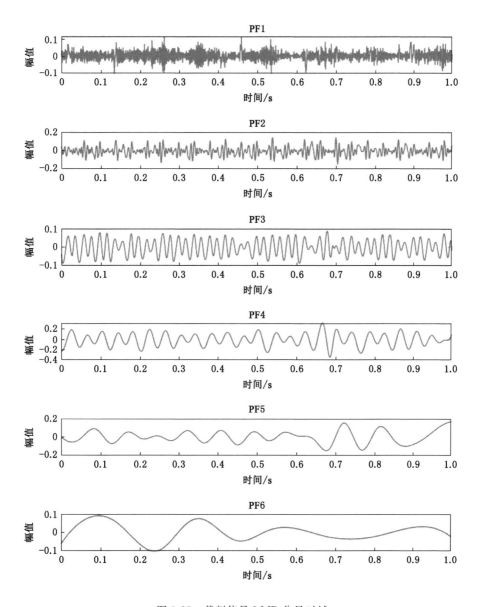

图 3-25   截割信号 LMD 分量时域

为了体现 GJO-VMD 方法在处理截割振动信号时参数寻优速率与效率,使用前文提出的 SSA-VMD、ALO-VMD、GWO-VMD 和 WOA-VMD 算法对截割信号的 VMD 分解进行参数寻优,参数设置与处理仿真信号时的参数相同,绘制 4 种方法的适应度曲线,如图 3-26 所示。

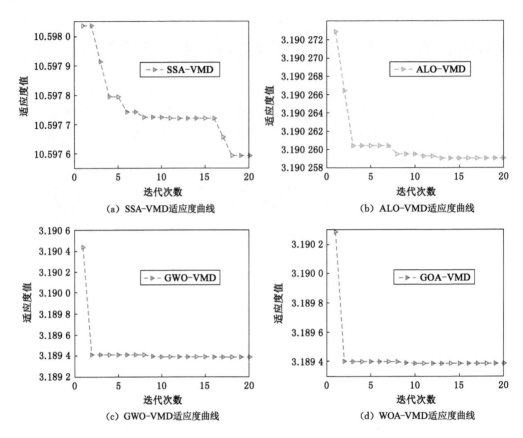

图 3-26　截割信号不同优化算法适应度曲线

通过对比适用度曲线可以发现,SSA-VMD 与 ALO-VMD 算法在处理截割振动信号时收敛速度较慢,分别在第 18 次和第 14 次迭代才完成收敛,收敛效果不佳。GWO-VMD 与 WOA-VMD 算法在处理截割振动信号时收敛速率度快,均在第 10 次迭代时完成收敛。本研究提出的 GJO-VMD 算法在第 3 次迭代时完成收敛。在处理截割振动信号时,参数寻优速率明显快于其他优化算法,与仿真信号的处理结果相匹配。

同样使用上述 5 种算法,对截割振动信号分别做 20 次参数寻优运算,绘制最优迭代次数与最优迭代时间的箱线图,如图 3-27 所示。其中,图 3-27(a)为最优迭代次数箱线图,5 种优化算法中,GJO-VMD 优化所需的平均迭代次数最少,仅为 4.15 次。SSA-VMD、ALO-VMD、GWO-VMD 和 WOA-VMD 平均迭代次数,均大于 GJO-VMD 算法的最优迭代次数。图 3-27(b)为最优迭代时间箱线图,5

种优化算法中,GJO-VMD 算法所需的平均迭代时间最短,仅为 15.7 s。总体来看,本研究提出的 GJO-VMD 算法在处理截割振动信号时寻优次数最少,迭代效率最高,性能高于其他优化算法。

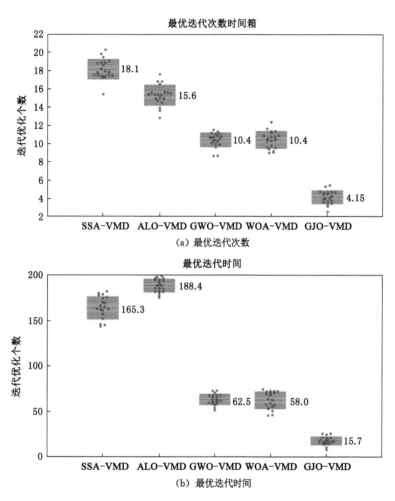

图 3-27　截割信号最优迭代次数与时间箱线图

4 掘进机截割部振动信号故障诊断

针对信号处理后获得的特征分量,分别探究机器学习、深度学习在掘进机截割部故障诊断上的性能。首先,提出一种基于 RIME-VMD-RCMFDE 的故障诊断方法,探究精细复合多尺度波动散布熵(RCMFDE)嵌入维度和类别个数参数对特征提取效果的影响,计算不同模式截割头振动信号的 RCMFDE 并作为特征向量,采用 DBN 模型对截割振动特征进行训练和测试,实现掘进机截割头的故障模式识别。其次,对比多特征融合的 MCNN-LSTM 与基于降噪卷积自编码器(DCAE)和轻量化网络(FF-ShuffleNet)的故障诊断方法,阐述深度学习在掘进机截割头故障诊断上的性能。最后,针对神经网络和分类器参数寻优困难的问题,提出 CPO-CNN-SVM 参数寻优故障诊断模型,结果表明该算法参数寻优快、故障诊断率高,算法性能优于传统的机器学习与深度学习故障诊断方法。

4.1 基于 RIME-VMD-RCMFDE 的故障诊断方法

4.1.1 基于 RCMFDE 的振动信号特征提取

散布熵具有计算速度快、稳定性高、抗噪能力强等优点,且不随振动信号微小变化改变其对应的类别标签。但散布熵在计算上仅考虑振动信号幅值的绝对性,而忽略了信号间的相对性,使得算法无法评估振动信号的波动情况。将波动与散布熵融合,得到精细复合多尺度波动散布熵(RCMFDE)[77],提取振动信号间的相对关系,构建出精细复合多尺度波动散布熵数据集。

利用相关系数法筛选最优 IMF 分量。以磨损截割头截割振动信号为例,求解各 IMF 分量的相关系数,如表 4-1 所示。

表 4-1 截割振动信号 IMF 分量相关系数

分量	相关系数
IMF1	0.816 9
IMF2	0.402
IMF3	0.385 7

从表 4-1 中可知,IMF1 分量的相关系数值最大,为 0.816 9,与原始截割振动信号的相关程度最高,因此选择 IMF1 为特征分量,计算其精细复合多尺度波动散布熵值,并作为特征向量进行分析。

计算过程中,数据长度 N、时延 d、尺度因子 τ、嵌入维数 m、类别个数 c 等参数的选择都会影响 RCMFDE 值的结果。在本研究中,特征 IMF 分量数据长度 N 受信号采样影响,限制为 1 024。通常情况下,当时延 d 的取值大于 1 时,可能会丢失信号中的重要信息。因此,设 $d=1$。为方便观察 IMF1 的熵值变化特性,同时兼顾计算时间,设置 $\tau=20$。嵌入维数 m 取值较大,会增加计算时间;取值较小则会降低对信号突变性能的检测能力,一般取 $2 \leqslant m \leqslant 7$。

类别个数 c 取值较小,会使得最终概率估计出现错误;c 取值较大则难以抑制信号中噪声的干扰。一般情况下,c 的取值范围为 $[3,8]$。采用控制变量法,获得不同 m 和 c 取值的 RCMFDE 变化特性曲线如图 4-1 所示。

如图 4-1(a)所示,当嵌入维度 m 值取 2 时,相较于其他取值,RCMFDE 值变化较为平缓。$m \geqslant 3$ 后,信号的 RCMFDE 的波动情况基本趋于一致,m 值越大,信号的 RCMFDE 蕴含的特征信息越丰富。图 4-1(b)则展示了不同嵌入维度的计算时间。当 $m \geqslant 5$ 后,RCMFDE 的计算时间快速增加。因此,综合考虑设定 $m=4$。

如图 4-2(a)所示,当类别个数 c 取值 3、5 和 7 时,RCMFDE 曲线的波动性相对较大。而当 $c=4,6,8$ 时,RCMFDE 值稳定性较好,整体变化趋于一致。图 4-2(b)表示不同类别个数 RCMFDE 的计算时间,随着类别个数的增加,RCMFDE 的计算时间逐渐增加。为此,综合考虑,设定 $c=4$。

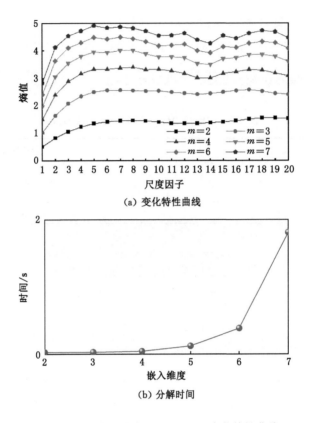

(a) 变化特性曲线

(b) 分解时间

图 4-1　不同嵌入维度下 RCMFDE 变化特性曲线

为检验提出的 RCMFDE 算法性能,将其与 MDE、MFDE 和 RCMDE 等 3 种算法进行比较。任取 10 组磨损截割头振动信号,经 RIME-VMD 处理后提取特征 IMF 分量。MDE、MFDE、RCMDE 的参数与 RCMFDE 一致,得到结果如图 4-3所示。

如图 4-3 所示,针对特征 IMF1 分量信号,4 种熵在多尺度因子上的变化趋势基本一致。在计算熵值时,MDE 和 RCMDE 只考虑了信号幅值的绝对性,而未考虑信号间元素的相对性,在尺度因子为 1 时,计算熵均值在 3 左右。

MFDE 和 RCMFDE 在计算过程中考虑了信号间相邻元素差异,形成波动的散布熵计算模式,得到的熵均值在 2 附近。MDE 和 MFDE 在计算过程中因尺度因子增加,粗粒化处理后的信号数据长度变短,容易出现估值失误现象。在对其进行精细复合处理后,RCMDE 和 RCMFDE 在尺度因子 10 后,熵值计算结果趋于一致,且两者的计算结果比 MDE、MFDE 更平稳。同时,相较于其他 3 种算法,RCMFDE 的均值曲线更为平滑,且 RCMFDE 的标准差相对更小,算法的稳定性

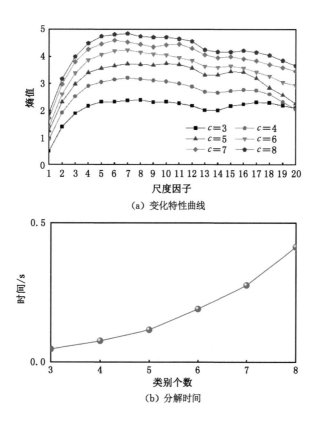

（a）变化特性曲线

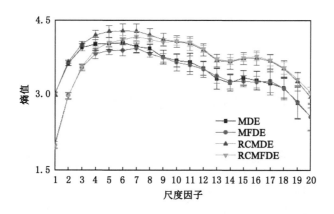

（b）分解时间

图 4-2　不同类别个数下 RCMFDE 变化特性曲线

图 4-3　截割振动信号 4 种熵值对比

得到提升,验证了本研究提出的采用 RCMFDE 方法提取截割振动特征的优
越性。

　　同时随机选取 10 组正常截割头和缺齿截割头截割振动信号,应用上文提出
的 RIME-VMD-RCMFDE 算法进行截割特征提取,得到 3 种截割振动信号特征,

如图 4-4 所示。从图中可以看出，3 种截割头振动信号的 RCMFDE 值呈现明显差异。大多情况下，考虑到磨损截割头中截齿磨损程度不一，截割时存在较多的随机冲击，导致产生的振动信号不规则性较强。因此，提取的 RCMFDE 值相对较大。而缺齿截割头因为缺少一定量的截齿，在截割时与煤岩体直接接触的截齿数量少，导致产生的随机冲击成分较少。因此，随着尺度因子的增加，缺齿截割头振动信号的 RCMFDE 值明显低于其他两种截割头模式。

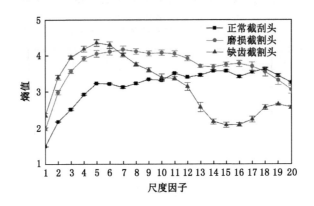

图 4-4　3 种截割头振动信号熵值对比

4.1.2　实验结果与分析

针对掘进机截割头故障模式识别问题，首先应用掘进机截割部数字孪生系统采集横摆截割振动信号，其次采用 RIME 算法优化 VMD 参数，并利用参数最优的 VMD 处理截割振动信号，然后结合相关系数法提取特征 IMF 分量，计算特征 IMF 分量的 RCMFDE 值，最后将 RCMFDE 值作为特征向量输入 DBN 模型中进行故障模式识别。识别算法流程如图 4-5 所示。

具体实现过程如下：

（1）采集正常截割头、磨损截割头和缺齿截割头 3 种模式的截割振动信号，并制作数据样本集；

（2）利用 RIME 算法求解 VMD 的模态个数 K 和惩罚因子 α，并将最优参数组合 $[K,\alpha]$ 导入 VMD 中，分解截割振动信号得到一系列 IMF 分量；

（3）应用相关系数法选择特征 IMF 分量，计算其 RCMFDE 值，构建不同截割头振动信号特征向量集；

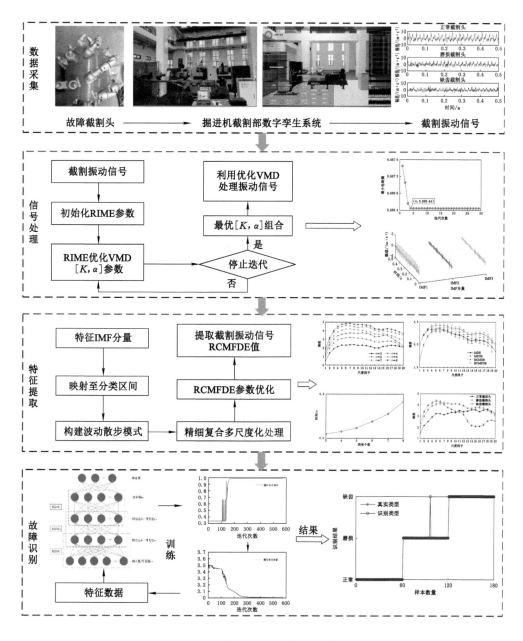

图 4-5　掘进机截割头故障模式识别算法流程

（4）将特征向量集进行训练集和测试集划分，导入 DBN 模型中进行训练和测试，得到截割头故障模式识别结果。

每种截割模式采集样本 200 组，使用 RIME-VMD 对截割振动信号进行处理，并应用 RCMFDE 算法提取数据特征，将其按照 7：3 的比例划分训练集和测试集。再将这些数据特征导入参数优化的 DBN 模型中进行截割头故障模式识别,得到结果如图 4-6 所示。

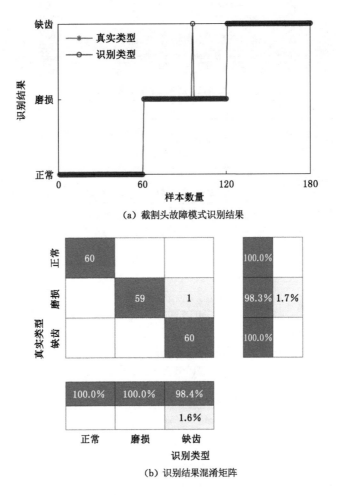

(a) 截割头故障模式识别结果

(b) 识别结果混淆矩阵

图 4-6　基于 RCMFDE-DBN 的截割头故障模式识别结果

根据图 4-6 可以看出,提取的 RCMFDE 数据特征经 DBN 模型训练测试后,仅将 1 个磨损信号样本错误分类至缺齿截割头模式中,识别准确率达到 99.444%。为了进一步对比本研究提出方法的优越性,分别提取 600 组样本的 MDE、MFDE 和 RCMDE 值,同时将特征数据集导入支持向量机(support vector machine,SVM)、极限学习机(extreme learning machine,ELM)和随机森林(random forest,RF)3 种模型中进行识别,每组实验重复 10 次,通过平均识别率、均方根误差(RMSE)、平均绝对误差(MAE)和决定系数(R^2)等 4 种指标来衡量不同识别模型的性能,结果如表 4-2 所示。

表 4-2　不同模型的截割头故障模式识别性能指标

模型	识别率/%	RMSE	MAE	R^2
MDE-DBN	98.388	0.207 3	0.026 1	0.930 8
MFDE-DBN	98.277	0.233 8	0.031 1	0.911 8
RCMDE-DBN	98.667	0.214 4	0.024 4	0.93
RCMFDE-DBN	99.164	0.084 2	0.008 4	0.987 5
RCMFDE-SVM	98.833	0.127 8	0.013 9	0.972 7
RCMFDE-ELM	98.887	0.107 7	0.012 8	0.977 5
RCMFDE-RF	98.778	0.114 1	0.012 8	0.979 2

从表 4-2 中可以看出,相较于 MDE、MFDE 和 RCMFDE,提取不同截割头振动信号的 RCMFDE 值经分类器处理后的平均识别率在 98.7% 以上,表明该种模型特征提取方法的稳定性更好。同时,RCMFDE 数据集经 DBN 模型训练后,得到的平均识别率最高,为 99.164%。对比其他几种模型,RCMFDE-DBN 模型在 RMSE 和 MAE 指标上数值均为最小,在 R^2 指标上的数值最大,表明该模型具有更好的识别精度和可靠性,体现了该方法的优越性。

4.2　多特征融合的 MCNN-LSTM 故障诊断模型

4.2.1　MCNN-LSTM 构建

MCNN-LSTM 模型由卷积层、池化层和长短期记忆网络等组成,其中包括多种卷积核和最大池化核。信号在进行特征提取前,会被调整为合适的大小,以减少训练参数和提高训练速度。首先通过 MCNN 从不同层次提取信号的空间信息,然后通过 LSTM 提取时序信息。

MCNN 包含多种卷积核,以确保各通道输出的尺寸相同。接着将提取的空间信息和时序信息进行特征融合,以增强模型的特征表征能力。模型引入了 Dropout 层来抑制过拟合问题,以一定概率对全连接层的神经元进行失活。同时在卷积层之后使用 ReLU 激活函数和 BN 批量化处理,以促进模型更快地收敛和提高精度。特征提取层数和池化层步长等参数在多次实验和验证中被选择,以平衡特征提取能力和模型的泛化能力。模型结构如图 4-7 所示。

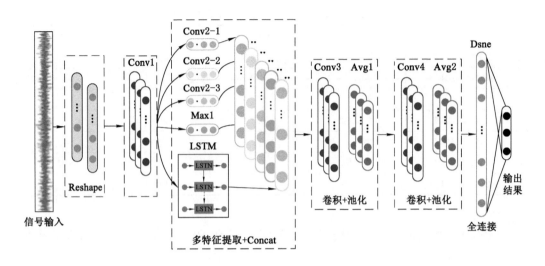

图 4-7　MCNN-LSTM 模型结构

MCNN-LSTM 网络模型故障诊断流程如图 4-8 所示,主要过程包括:首先采集不同状态截割头的振动信号,然后对振动信号数据集进行构建和划分;再对搭建好的模型进行训练和优化,并保存最佳模型,最后对模型进行测试和评估。

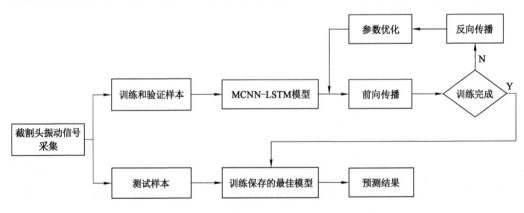

图 4-8　MCNN-LSTM 网络模型故障诊断流程

具体步骤如下:

(1)利用加速度传感器采集截割臂截割头振动信号,然后对采集的振动信号数据进行数据增强,再将数据划分为训练集、验证集和测试集三个部分,其中训练集用于调整 MCNN-LSTM 模型中的参数;验证集用于验证模型每轮训练后的诊断效果;测试集用于最终测试模型的实际能力。

(2)模型的构建和训练:构建 MCNN-LSTM 网络模型并配置好模型参数和

训练参数,随后,我们将数据输入模型中进行训练,并在验证集上持续评估,以保留表现最佳的模型参数。训练过程中,模型采用前向传播与反向传播相结合的方式运行:前向传播阶段,输入数据通过模型的权重层层传递,最终产生输出结果;而在反向传播阶段,则通过计算预测值与实际值之间的误差,来指导模型参数的优化与调整。然后将数据输入模型中进行训练并保存在验证集上效果最好的模型参数;在训练过程中,前向传播和反向传播交替使用,前向传播输入数据经过模型权重得到最终输出结果,反向传播计算预测结果和实际结果的误差后,调整神经网络模型的参数,最后实现高预测性。

(3) 结果预测:加载保存好的 MCNN-LSTM 模型,利用测试集对模型进行测试和评估,确保模型的综合性能。

4.2.2　实验结果与分析

在模型开始训练之前,需要对训练过程中的超参数进行设置,具体设置如表4-3 所示。

表 4-3　MCNN-LSTM 模型超参数设置

超参数	参数值
优化器	Adam
学习率	0.001
Epoch	20
Dropout	0.5

图 4-9 和图 4-10 所示为 MCNN-LSTM 模型训练过程中训练集和验证集准确率和损失值的变化情况,黑色曲线为训练集结果变化,红色曲线为验证集结果变化。

MCNN-LSTM 模型在训练集和验证集前 4 轮的训练迭代中准确率上升很快,损失值极速下降,在第 5 轮到第 10 轮之间的迭代中,准确率上升速度和损失值下降速度减缓,曲线存在波动,当训练次数到 10 轮之后,模型就完成收敛,训练集和验证集的准确率和损失值都趋向稳定,不再出现明显变化,最终训练集准确率为 98.8%,损失值为 0.019,验证集准确率达到 98.4%,损失值为 0.025。

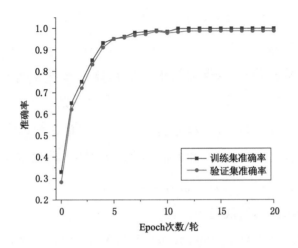

图 4-9　训练过程中准确率变化

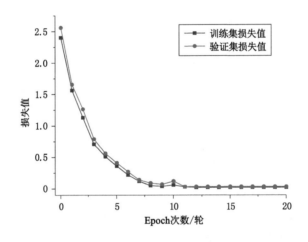

图 4-10　训练过程中损失值变化

从训练集和验证集的训练结果对比来看,训练集收敛速度更快,准确率快速提升,最终训练集的结果略优于验证集。为了避免实验结果的偶然性,将训练和测试实验重复 10 次后取各测试集准确率的平均值为 98.6%。从整个训练过程和结果来看,说明 MCNN-LSTM 模型具有较好的诊断性能。

模型训练完成后,将模型的参数和配置保存,然后使用 t-SNE 降维算法对不同层的数据降维输出,使得输出的高维数据能够在二维平面内进行特征查看。如图 4-11 所示,各个故障高度集中在自己的区域内,不同种类之间的间距远,能够轻易区分截齿的状况,说明该模型能够起到很好的特征效果,具有很好的故障诊断准确率。

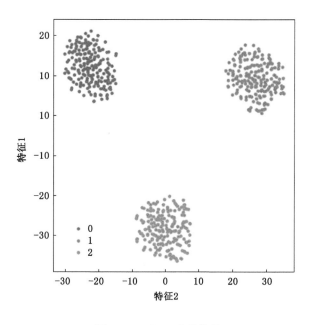

图 4-11　t-SNE 分类效果

为验证本研究所提方法的优越诊断准确率,将使用多尺度卷积神经网络(MCNN)、长短期记忆网络(LSTM)、深度卷积神经网络(DCNN)、变分模态分解和人工神经网络(VMD-ANN)、马尔可夫变迁场和卷积神经网络(MTF-CNN)等5 种不同的故障诊断方法与 MCNN-LSTM 进行对比,结果如表 4-4 所示。

表 4-4　不同网络模型诊断结果对比

模型	诊断准确率/%	平均误判样本数
MCNN	97.2	16
LSTM	95.5	26
DCNN	96.4	22
VMD-ANN	91.3	53
MTF-CNN	97.5	15
MCNN-LSTM	98.6	8

为确保实验公平性,所有模型使用原始未经处理的数据作为输入数据,且数据长度和数量相同,使用相同的训练环境和 Adam 优化器。相较于仅使用 MC-NN 或 LSTM 的模型,MCNN-LSTM 的诊断准确率分别提高了 1.4% 和 3.1%。这是因为 MCNN 模型只从数据的空间维度提取多维特征,而 LSTM 仅提取信号

前后时序关联的特征。MCNN-LSTM通过不同大小的卷积层提取多维度特征，并融入时序维度信息，使得特征更加丰富。MCNN-LSTM模型的诊断准确率比DCNN、VMD-ANN和MTF-CNN分别高2.2%、7.3%和1.1%。DCNN虽然增加了网络深度以增强学习能力，但在初始阶段只有单一的卷积核进行特征提取，无法充分提取特征；VMD-ANN和MTF-CNN在进行特征提取和诊断前先对数据进行处理，这可能导致振动信号部分特征的损失。MCNN-LSTM模型具有很好的特征提取能力，因此实现了较高的故障诊断精度，平均误判样本数最少，诊断准确率达到了98.6%。

4.3　基于自编码器和轻量化网络的截割头故障诊断

4.3.1　DCAE-FF-ShuffleNet 构建

使用轻量化模型完成截齿的故障诊断，首先在仍需保证模型的准确率的基础上，综合考虑模型的参数量、计算量和训练时间完成FF-ShuffleNet模型的搭建。由于振动信号作为一位时间序列的数据可直接采用一维卷积神经网络完成卷积，故无须将一维信号转为二维图片再进行特征提取，信号的一维卷积相比于二维卷积能够减少模型的参数量，所以本模型选取一维卷积。ShuffleNet V2网络原本是针对图片识别而设计的，因此内部基本单元为二维卷积，所以此处把ShuffleNet V2网络中两个步长为1和2的基本单元先改成一维卷积和一维深度可分离卷积。

FF-ShuffleNet模型结构如图4-12所示，具体模型参数如表4-5所示，为了确保网络模型能够充分提取振动信号的特征，本研究中FF-ShuffleNet模型继承MCNN-LSTM模型，采用不同大小的卷积核和长短期记忆网络提取信号的时空特征，故FFLN的输入数据大小为3 600，数据经过变形后使用大小为2的卷积核进行初步的特征提取，再用不同的卷积核和长短期记忆网络进行多维度的特征提取，此处网络模型与MCNN-LSTM相同，但是在各个通道完成特征提取后，各连接一个点卷积，将通道数下降到16；在改变通道数后，将各通道数据拼接并进行混洗操作，让各通道之间的信息产生联系；再连接两个ShuffleNet V2单元，其中第一个为步长为1的单元，第二个为步长为2的单元，最后再接上一层全连接层,完成截割头故障诊断。

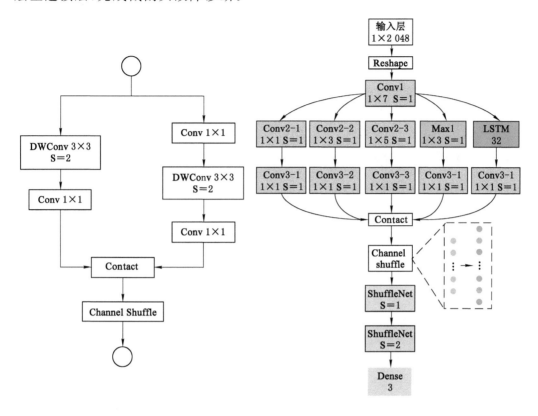

图 4-12　FF-ShuffleNet 模型结构

表 4-5　FF-ShuffleNet 模型参数设置

网络层	参数	激活函数	输出尺寸	参数量
Conv1	1×7 S=2 C=16	ReLU	32×16	3 600
Conv2-1		ReLU	32×32	544
Conv2-2	1×3 S=1 C=32	ReLU	32×32	1 568
Conv2-3	1×5 S=1 C=32		32×32	2592
MaxPool1	1×3 S=1	/	32×16	0
LSTM	32	/		6 272
Conv3-1	1×1 S=1 C=16	ReLU	32×16	528
Conv3-2	1×1 S=1 C=16	ReLU	32×16	528
Conv3-3	1×1 S=1 C=16	ReLU	32×16	528
Conv3-4	1×1 S=1 C=16	ReLU	32×16	272
Conv3-5	1×1 S=1 C=16	ReLU	32×16	528
Contact	/	/	32×80	/
Channelshuffle	/	/	32×80	/

表 4-5（续）

网络层	参数	激活函数	输出尺寸	参数量
ShuffleNet Unit1	S＝2	/	16×32	7 704
ShuffleNet Unit2	S＝1		16×48	2 016
Dense	3	Softmax	1×3	2 307

FF-ShuffleNet 在多通道特征提取层加入点卷积来降低各特征的通道数，能够在不显著增加多通道特征提取层的参数的条件下，减少特征融合后网络的参数，同时增强模型的线性表达能力。在多维度特征提取后，对特征进行通道打乱和混洗，以增强通道之间的信息交流，完成通道之间的信息交流，对信号的特征进行进一步的提取。FF-ShuffleNet 用 ShuffleNet V2 单元代替普通的卷积层和池化层，增加模型的复杂度，加强模型的学习能力，ShuffleNet V2 单元作为轻量化的模块，减少了模型的参数和计算量。

4.3.2 实验结果与分析

FF-ShuffleNet 故障诊断模型训练结果如图 4-13 和图 4-14 所示，分别展示了训练过程中训练集和验证集的准确率和损失值的变化。在 20 轮的训练过程中，整体训练较好，在训练初期准确率迅速上升，损失值迅速下降，当到达第 7 个回合之后，模型的准确率和损失值都趋向平稳，表明此时的预测值已经非常接近真实值了，经过 20 轮的训练，准确率最终稳定在 99.7%。

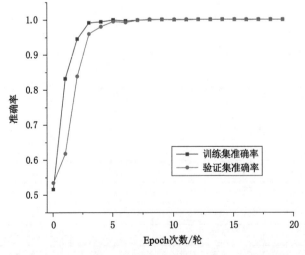

图 4-13　模型训练中的准确率

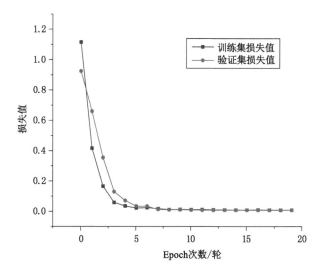

图 4-14 模型训练中的损失值

为了验证所提出的 FF-ShuffleNet 模型网络在诊断准确率和诊断速率上具有优越性,将采用一些常用的网络模型与本研究模型对比。用于对比的模型有:基于一维残差神经网络(1D-ResNet)、基于一维 MobileNet(1D-MobileNet)、基于小波变换和 VGG(CWT-VGG)以及第三章所提出的多特征融合的模型(MCNN-LSTM-CBAM)。从模型的训练过程和训练结果来评估对比模型的性能。

为了模拟实际情况,在本次对比中,所有的模型全部使用 CPU 进行训练和测试,使用 tesorflow 框架完成各模型搭建,各模型的参数量、计算量和诊断结果如表 4-6 所示。从表中可知,随着模型参数量增加和计算量的增加,模型在训练过程中的收敛速度变慢,测试过程中的推理时间增加。因此,可以通过减少模型的参数量和计算量,以加快模型的收敛速度和减少模型的推理时间。CWT-VGG 模型是对二维图像进行分类的,而二维卷积相比一维卷积,增加了计算参数和步骤,所以一维信号直接诊断相比转成二维图像在诊断效率上更有优势。1D-ResNet 网络的跳跃连接很好地解决了梯度消失问题,能够很好地提高诊断准确率,但跳跃连接会导致参数和计算量激增,导致模型的推理速度变慢。MCNN-LSTM-CBAM 诊断准确率达到 98.6%。MobileNet 使用了大量的深度可分离卷积和点卷积,所以也具有较好的诊断效率,但诊断准确率略差。

表 4-6　不同模型的实验结果汇总

模型	参数量	计算量 M	准确率/%	收敛时间/s	推理时间/s
1D-ResNet	61 939	20.84	98.2	52.6	0.003 5
MobileNet	46 339	15.65	97.5	30.6	0.003 4
CWT-VGG	386 299	69.87	96.2	90.2	0.004 6
MCNN-LSTM-CBAM	48 563	3.06	98.6	45.6	0.002 9
FF-ShuffleNet	29 886	1.25	99.7	25.4	0.001 2

本研究的 FF-ShuffleNet 模型是在 MCNN-LSTM-CBAM 的基础上改进的，将原先特征融合的普通拼接变成多特征的混洗，使得各通道有更多的信息交流，诊断准确率提升；采用一系列的轻量化操作，大幅减少模型的参数量和计算量，从而提高模型的诊断效率。相比于其他模型，本研究的 FF-ShuffleNet 模型，在取得高准确率的前提下，使得模型的推理时间更短，能够在大数据量的情况下，完成诊断任务。

图 4-15 展示了各模型在 50 个轮次的训练过程中的准确率变化曲线，模型能够在较小的轮数中大幅提升准确率，表明模型收敛速度越快，所需训练的时间越短；当模型收敛后，准确率越高和训练曲线越平稳，则表明模型诊断效果越好越稳定。

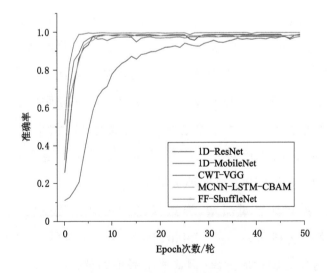

图 4-15　不同模型训练过程对比

从图 4-15 中可以看出,当 FF-ShuffleNet 模型训练到第 5 轮时,模型就开始收敛,准确率不再出现明显变化,在后面的训练过程中,训练曲线总体保持平稳,说明该模型能够快速完成收敛任务。其他模型相比于 FF-ShuffleNet 收敛速度较慢,当模型收敛后,准确率仍会出现明显变化,稳定性较差。

为了验证本研究的 FF-ShuffleNet 模型的泛化能力,将使用不同的数据作为训练集和测试集来测试模型的识别准确率,具体结果表 4-7 所示。表中的 25 Hz →50 Hz 表示使用截割头转速为 25 r/min 的数据进行模型训练,再使用截割头转速为 50 r/min 的数据进行测试;50 Hz→25 Hz 表示用截割头转速为 50 r/min 的数据进行模型训练,再使用截割头转速为 25 r/min 的数据进行测试。

表 4-7 不同模型泛化能力分析

方法模型	准确率/%		平均准确率/%
	25 Hz→50 Hz	50 Hz→25 Hz	
1D-ResNet	92.2	91.6	91.9
1D-MobileNet	93.7	94.5	94.1
CWT-VGG	90.5	91.2	90.85
MCNN-LSTM-CBAM	94.3	92.3	93.3
FF-ShuffleNet	96.8	95.4	96.1

从表 4-7 中可知,当在模型训练和模型测试中使用不同转速的截割头振动数据,所有模型的诊断准确率都出现了下降,当截割头转速出现变化,截割头的振动信号还是存在差异,导致不同的数据之间识别出现误差。本研究中 FF-ShuffleNet 方法相比于其他模型依然取得较高的准确率,平均准确率达到 96.1%,说明该模型具有优秀的泛化性,能够使用在不同的数据上。

为了测试截割头振动信号经过降噪卷积自编码器(DCAE)降噪后,再通过 FF-ShuffleNet 模型对降噪后的信号进行故障诊断的诊断精度,将在原始的振动信号中分别加入不同大小的高斯噪声,测试在不同大小噪声下的模型诊断精度。本研究对信噪比分别为 −6 dB、−4 dB、−2 dB、2 dB、8 dB 等数据进行故障诊断实验,实验结果如图 4-16 所示。本研究所提方法能够很好完成诊断任务,与原始信号的诊断结果差距不大,表明本研究模型具有良好的抗噪性能。

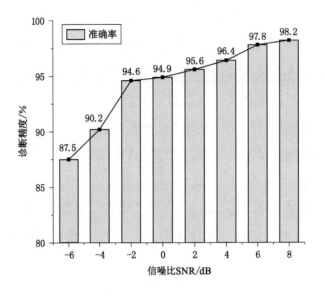

图 4-16　不同噪声下的诊断准确率

4.4　CPO-CNN-SVM 故障诊断模型

4.4.1　CPO-CNN-SVM 构建

为了准确区分掘进机截割头的故障类型,尽可能提高故障诊断率,本节提出一种基于 GJO-VMD 与基于冠豪猪优化算法[78] 的 CPO-CNN-SVM 的联合故障诊断方法,该方法主要分为振动信号的分解、振动信号的特征提取和故障诊断三个过程,具体步骤如下:

（1）振动信号的分解

采集不同故障工况下的截割振动信号,使用 GJO-VMD 方法处理信号。将 GJO 与 VMD 算法的参数初始化,设置金豺的初始规模及所需优化参数的上下边界。根据截割振动信号的特点,将最小包络熵作为 GJO 算法的优化目标,根据 GJO 算法理论不断迭代更新金豺位置,计算出每次迭代的最小包络熵,当计算出最小包络熵的最小适应度值时,确定最佳金豺对的位置,作为参数优化的结果。将优化结果作为 VMD 算法的最佳参数组合,处理分解截割振动信号,得到不同的 IMF 分量,选取包络熵最小的 IMF 分量作为特征分量,建立不同故障工况下截割振动信号的数据集，用于特征提取。

（2）振动信号的特征提取

计算截割振动信号的数据集的多尺度熵值，构建截割振动信号的特征数据集与特征标签。计算特征标签类别数、特征维度等数据集的基本信息。将数据集划分为训练集和测试集，按类别选择一定比例的样本，进行数据转置和归一化处理。

设置 CPO 算法的搜索代理数量、最大迭代次数和优化参数的维度，定义所需优化参数的上下边界。给定 CNN 每次训练样本个数、最大训练次数和初始学习率。定义 CNN 的输入层，指定输入数据的大小。添加卷积层、批归一化层、激活层以及池化层，形成一个卷积块。添加全连接层和分类器，构建分类层。以 CNN 准确率最大化的相反数为优化目标，作为适用度函数。训练 CNN 模型，输入训练数据、标签、定义的网络结构和训练选项。根据 CPO 算法理论不断迭代更新冠豪猪位置，计算出每次迭代的目标函数值，当计算出目标函数值最小时，确定冠豪猪的最佳位置，作为参数优化的结果，优化过程如图 4-17 所示。提取最后一层全连接层的高维特征，供后续的 SVM 模型使用。

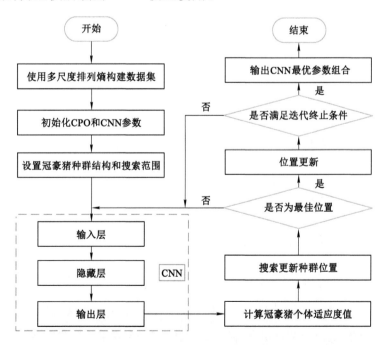

图 4-17　CPO 优化 CNN 流程图

（3）故障诊断

将经 CNN 提取的高维特征数据作为 SVM 的输入数据，根据类别将数据集划分为训练集和测试集，对训练集和测试集进行归一化处理。设置 CPO 算法的超参数，包括种群数目、迭代次数、优化参数个数、优化参数的下界和上界。以最小化分类预测错误率为适用度函数，调用 CPO 函数进行优化，得到最优的参数，从优化结果中获取最佳的 SVM 参数，即最优的惩罚因子高斯核宽度参数，优化过程如图 4-18 所示。使用获取的最佳参数建立 SVM 模型，使用训练好的 SVM 模型对训练集和测试集进行截割头故障诊断。

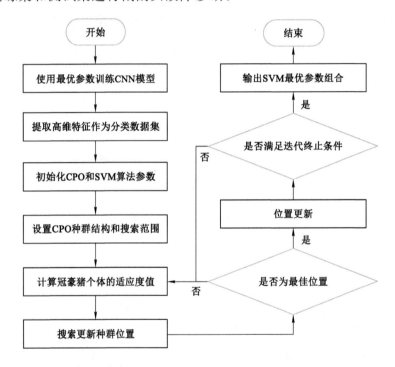

图 4-18　CPO 优化 SVM 流程图

4.4.2　截割振动信号特征提取

使用第 2 章提出的 GJO-VMD 信号分解方法处理振动信号，得到 VMD 分解结果如图 4-19 所示。截割模式 1、截割模式 2、截割模式 3、截割模式 4 和截割模式 5 振动信号经 GJO-VMD 分解后，均得到 4 个 IMF 分量，截割模式 6 振动信号经 GJO-VMD 分解后，得到 5 个 IMF 分量。其中截割模式 1、截割模式 2 和截割模式 3 中分量 IMF1 的相关系数最大，包含较多截割信号特征。

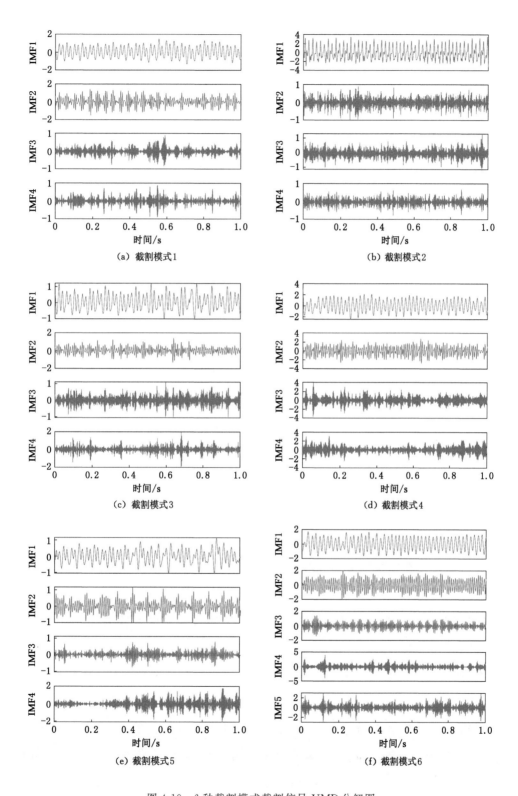

图 4-19　6 种截割模式截割信号 VMD 分解图

　　截割模式 4、截割模式 5 和截割模式 6 均为分量 IMF2 的相关系数最大,包含较多截割信号特征。因此,选择截割模式 1、截割模式 2 和截割模式 3 的 IMF1 分量作为特征分量,选择截割模式 4、截割模式 5 和截割模式 6 的 IMF2 分量作为特征分量,计算上述能够代表 6 种不同截割模式下的 IMF 特征分量的多尺度排列熵。确定数据长度 $N=2\ 048$,选取嵌入维度 $s=6$,时延时间对熵值计算影响较小,取时延时间 $r=1$。绘制出不同截割模式下的熵值曲线,如图 4-20 所示。

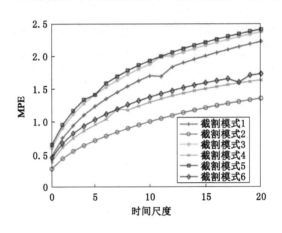

图 4-20　6 种截割模式多尺度排列熵值

　　由图 4-20 可以看出,在[1,8]时间尺度区间范围内,6 种截割模式在排列熵的数值上区分度较小,其中截割模式 3 与截割模式 5 在同一尺度熵值较为接近,且出现数据混叠情况,截割模式 4 与截割模式 6 存在相同问题。在[9,20]时间尺度区间范围内,截割模式 3 与截割模式 5 随着时间尺度的增加,二者熵值之差呈减小趋势。而其他截割模式之间的关系相反,随着时间尺度的增加,熵值之差呈增大趋势。此外,分别计算 6 种截割模式 IMF 特征分量的多尺度熵(MSE)、复合多尺度熵(CMSE)、细化多尺度熵(RMSE)和广义多尺度熵(GMSE),绘制出的熵值曲线如图 4-21 所示。

　　由图 4-21 可以看出,多尺度熵(MSE)与复合多尺度熵(CMSE)在数据处理效果上基本相同,在大多数时间尺度上熵值均存在混叠情况,虽然数据趋势较好,但在数据特征的区分度上效果不佳。细化多尺度熵(RMSE)在数据特征的区分度上有所改善,在[8,16]时间尺度区间范围内表现最佳,但在剩余时间尺度区间内,数据出现集中堆叠情况,严重影响后续的数据处理。广义多尺度熵(GMSE)在数据处理中出现两极分化,其中截割模式 1、截割模式 3 和截割模式 5,在[0,0.2]的

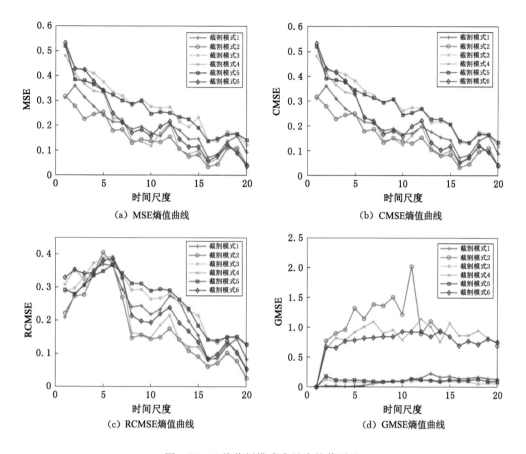

图 4-21 6 种截割模式多尺度熵值对比

熵值区间内,随着时间尺度的增加,熵值曲线交织缠绕且数值区分度较小,在 $[0.7,2]$ 的熵值区间内,截割模式 2 的熵值波动性较大,截割模式 4 和截割模式 6 的熵值波动性较小,整体上不利于数据的分类。

综上所述,熵值在同一时间尺度的数据混叠与熵值之差的减小,不仅在一定程度上影响分类效果,而且会造成模型的过拟合。但相较于其他 4 种熵值处理效果,多尺度排列熵的数据趋势较好,数据混叠较少,熵值之差较为明显。因此,本书采用多尺度排列熵处理 6 种截割模式 IMF 特征分量,并构建出数据集作为模型输入的预处理数据。

4.4.3 实验结果与分析

为了防止模型的过拟合,提高模型的泛化能力,采集卷积神经网络处理 IMF 特征分量数据集并进一步提取特征。本书所构建的卷积神经网络,分别为输入层、隐藏层和输出层。其中,卷积核滑动步长设置为 1,激活函数为 ReLU(recti-fied linear unit),使用梯度下降(SGDM)优化器,选择交叉熵(cross entropy loss)损失函数。使用本节提出的 CPO-CNN 算法对学习率 η、批量大小 B 和正则化系数 λ 进行参数寻优。层与层之间的关系如图 4-22 所示。

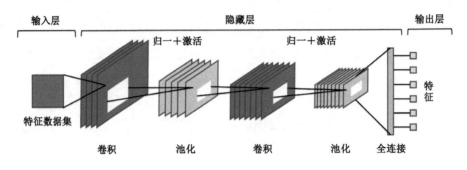

图 4-22　CNN 网络结构图

在训练卷积神经网络模型前,将 IMF 特征分量数据集按照 7∶3 划分训练集与测试集,设置分类标签,进行归一化处理并打乱数据集。对冠豪猪优化算法的参数和卷积神经网络的参数进行初始值设置,学习率 η 取值范围为[1e-3,5e-2],批量大小 B 取值范围为[64,521],正则化系数 λ 取值范围为[1e-5,1e-2],其他参数如表 4-8 所示。

表 4-8　CPO-CNN 参数设置

参数名称	优化数量	种群数量	迭代次数	训练轮数	下降因子
数值	3	8	20	100	0.1

如图 4-23 所示,使用 CPO-CNN 进行参数寻优,当迭代到第 4 次时,适应度值达到最小值 0.014 3,此时得到的学习率为 0.001 6,批量大小为 65,正则化系数为 5.968 e-4,确定为卷积神经网络最优超参数组合。

为进一步说明本书所构建网络模型的优点,将 CPO-CNN 所确定的最优超参数组合输入卷积神经网络训练数据集,并与传统的 CNN 训练过程对比,每个模型训练 100 轮,每轮迭代 4 次,共迭代 400 次。如图 4-24 和图 4-25 所示,传统的 CNN 在训练过程中准确率和损失函数波动性较大,稳定性较差,不具备收敛趋势。而 CPO-CNN 在训练过程中准确率和损失函数波动性及稳定性有所改善,具

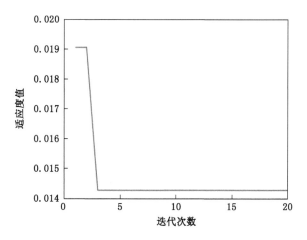

图 4-23　CPO-CNN 算法适应度曲线

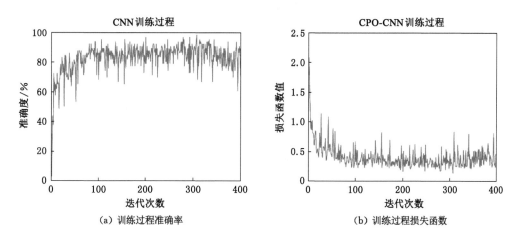

（a）训练过程准确率　　　　　　　　　　（b）训练过程损失函数

图 4-24　CNN 训练过程

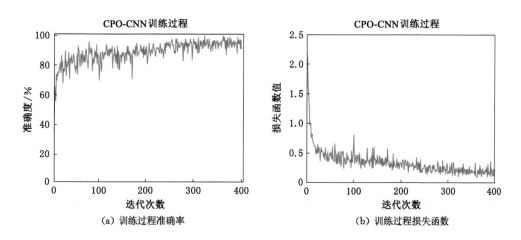

（a）训练过程准确率　　　　　　　　　　（b）训练过程损失函数

图 4-25　CPO-CNN 训练过程

有一定的收敛趋势。为提高模型的泛化能力,使用本书提出的 CPO-SVM 算法,选择最后一个全连接层的输出,提取高维特征数据并进行故障诊断。

CNN 专注于学习特征表示,而 SVM 则专注于学习分类边界,两者结合可以充分发挥各自的优势,提高整体分类性能。使用提出的 CPO-SVM 算法寻找惩罚参数 c 和径向基半径 γ 最优数值,算法的基本参数设置如表 4-9 所示,选取分类预测错误率作为优化的适应度函数,当分类预测错误率最小时,获得最优目标参数,训练过程适应度曲线如图 4-26 所示。

表 4-9　CPO-SVM 算法参数设置

参数	数值
种群大小	5
优化参数	2
迭代次数	100
参数下限	$[0.01, 0.01]$
参数上限	$[1\,000, 1\,000]$

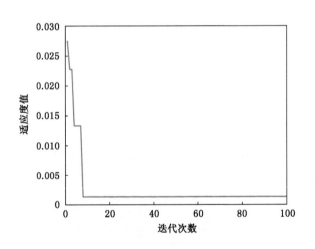

图 4-26　CPO-SVM 算法适应度曲线

从图 4-27 中可以看出,CPO-SVM 模型迭代到第 8 次时,适应度函数已经收敛,最小适应度函数值为 0.001 4,得到最佳参数组合 $[c, \gamma] = [449.40, 11.16]$。使用参数优化后 CPO-SVM 模型进行故障诊断,得到训练集的故障诊断平均准确率为 99.29%,测试集的故障诊断平均准确率为 98.33%。

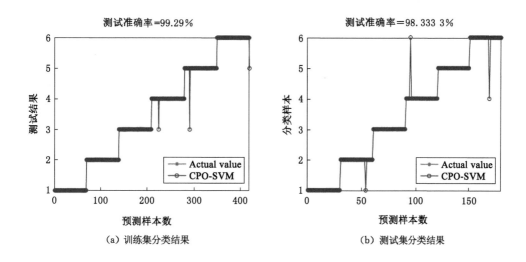

（a）训练集分类结果　　　　　　　　（b）测试集分类结果

图 4-27　CPO-SVM 分类结果

绘制出训练集与测试集的混淆矩阵，分析模型在不同故障模式下的准确率。如图 4-28 所示，训练集中截割模式 1 和截割模式 2 准确率均为 100%，截割模式 3 准确率为 97.2%，其余截割模式准确率均为 98.6%。验证集中截割模式 3 和截割模式 5 准确率均为 100%，其余截割模式准确率均为 96.7%。

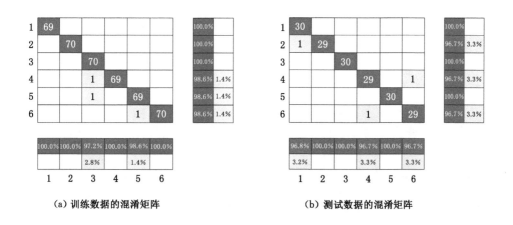

（a）训练数据的混淆矩阵　　　　　　（b）测试数据的混淆矩阵

图 4-28　CPO-SVM 混淆矩阵

为验证本书建立的 CPO-SVM 模型的故障性能，分别使用基于粒子群优化算法的 PSO-SVM、基于灰狼优化算法的 GWO-SVM 和基于改进灰狼优化算法的 IGWO-SVM 进行故障诊断，其中 PSO-SVM 算法的学习因子为 1.5，GWO-SVM 和 IGWO-SVM 算法的种群规模设置为 10，最大迭代次数设置为 100。如图 4-29

所示,PSO-SVM 算法在测试集中准确率为 95.56%,在第 54 次迭代中适应度函数开始收敛,收敛速度较慢。如图 4-30 所示,GWO-SVM 算法在测试集中准确率为 89.44%,在第 2 次迭代中适应度函数开始收敛,收敛速度快。如图 4-31 所示,IGWO-SVM 算法在测试集中准确率为 95.56%,在第 15 次迭代中适应度函数趋于收敛,但存在小范围的波动。4 种优化识别模型的识别对比结果如表 4-10 所示。

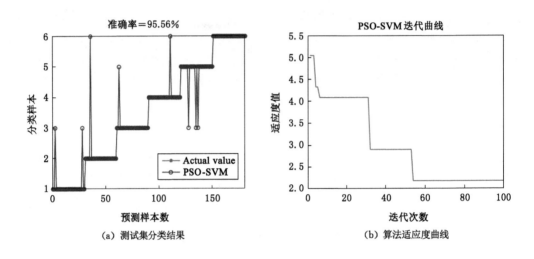

（a）测试集分类结果　　　　　　　（b）算法适应度曲线

图 4-29　PSO-SVM 算法性能

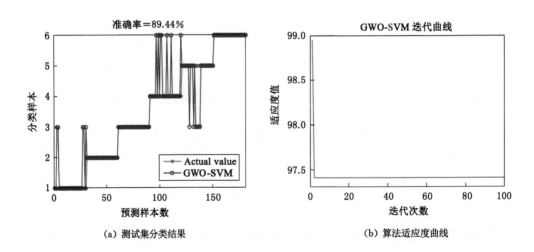

（a）测试集分类结果　　　　　　　（b）算法适应度曲线

图 4-30　GWO-SVM 算法性能

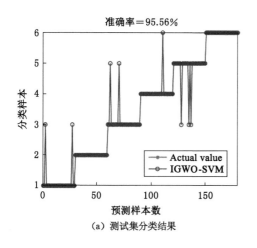
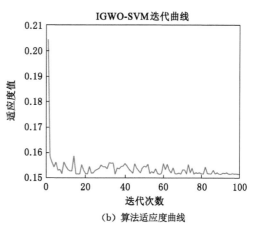

（a）测试集分类结果　　　　　　　（b）算法适应度曲线

图 4-31　IGWO-SVM算法性能

表 4-10　不同优化算法诊断对比

诊断模型	平均准确率/%	平均诊断时间/s
PSO-SVM	95.56	0.78
GWO-SVM	89.44	0.27
IGWO-SVM	95.56	0.28
CPO-SVM	98.33	0.18

由表 4-10 可以看出,使用 CPO-CNN 提取的高维特征作为诊断模型的输入,4 种模型的诊断准确率相对较高,GWO-SVM 诊断平均准确率最低,平均诊断时间 0.27s,识别时间适中。PSO-SVM 与 IGWO-SVM 诊断平均准确率相同,平均诊断时间分别为 0.78 s 和 0.28 s,PSO-SVM 诊断时间较长,IGWO-SVM 与 GWO-SVM 诊断时间接近。CPO-SVM 诊断准确率最高,分类用时最短。综上所述,本书提出的 CPO-SVM 诊断模型对于掘进机截割头诊断具有良好的表现。

5 基于数字孪生的掘进机虚实交互系统研究

针对悬臂式掘进机虚拟模型的建立,采用了逆向建模的方法,以物理实体为建模对象,使用 Solidworks、3D Max 和 NX 软件进行建模、简化和渲染处理。建模过程中,根据掘进机工程图和测绘数据,逐一分解零部件并进行建模,通过 UG 进行零部件整合,并将实体转化为曲面以减少显示端的运行量。

针对掘进机信息模型、数据采集、数据实时系统架构和 CANopen 网络优化等,解决了数据采集、驱动方式和传输优化等问题。通过建立信息模型确定需要采集的数据项,使用 OPC UA 进行数据采集,并建立基于表现层、逻辑层和数据层的实时数据驱动架构,以实现三维可视化远程监测。针对数字孪生五维结构模型中的"服务系统"问题,通过分析掘进机运行监测数据实现数据应用,从而完善服务系统。基于搭建的虚实交互系统与掘进机实物联调,结果表明该方法监测掘进机直观清晰且稳定可靠,为巷道智能快速掘进提供支持。

5.1 掘进机虚实交互系统设计方案

如图 5-1 所示,基于数字孪生的掘进机虚实交互系统,由边缘感知层、信息处理层和健康监测层三部分组成。在边缘感知层中使用多种传感设备,用于采集掘进机所处的环境信息及设备状态,并将采集到的信息发送至信息处理层,作为数据储存与传输中转站。信息处理层对接收到的信息进行分类和统一数据类型,打包发送至健康监测层。

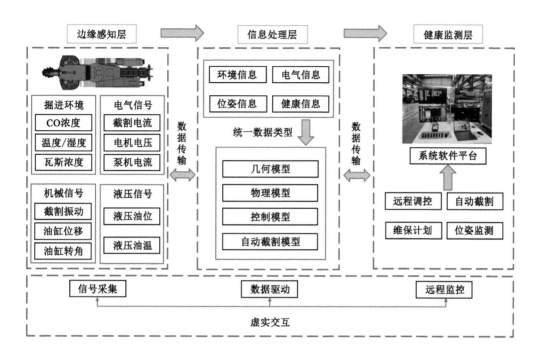

图 5-1 掘进机虚实交互系统架构

　　健康监测层包括运行数据监测平台和掘进机虚实交互平台两部分。运行数据监测平台可直观展现出掘进机各种运行数据及环境信息,内设远程控制功能,可根据掘进机工作情况,远程调整。掘进机虚实交互平台以接收的数据作为映射源,将物理空间与三维空间的数据互联,实现以采集信号驱动虚拟模型的功能,达到虚实交互的目的。操作人员通过运行数据监测平台和三维交互平台下达控制指令,指令经信息处理后传输至 PLC,最终由 PLC 控制掘进机实体,完成系统的整个闭环。

5.2 截割轨迹跟踪

　　为确定物理掘进机在空间坐标上的位置,使用解析法分析其在水平面和垂直面上的运动特性。截割头空间位姿调整由升降液压缸、摆动液压缸、伸缩液压缸提供动力,升降液压缸安装在回转台上,与截割臂铰接,截割臂与回转台铰接;液压缸伸缩带动截割运动,伴随着截割头的转动,实现对煤壁的垂直摆动截割。同理,摆动液压缸安装在基座上,与回转台铰接;伸缩液压缸安装在截割臂上,与截割头铰接。两者分别实现水平摆动截割与伸缩截割。掘进机的位姿变化均与液压缸伸缩量有关，可以此计算出截割头的空间位姿。

（1）截割头垂直摆动截割与升降液压缸伸缩量关系

以截割臂回转中心 O_1 为原点，以 Oxz 平面为运动面，设升降液压缸伸缩量为 l_1，升降角为 α，将掘进机简化为刚性连杆机构，如图 5-2 所示。

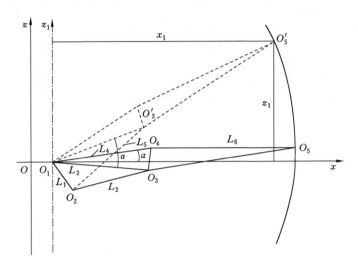

图 5-2　掘进机垂直面截割投影图

其中，O 为回转台回转中心，O_1 为截割臂与回转台铰接点，O_2 为升降油缸与回转台铰接点，O_3 为截割臂与升降液压缸铰接点，O_4 为伸缩液压缸与截割臂铰接点，O_5 为截割头处于水平位置时与煤壁的交点，O_5' 为升降液压缸由 O_2O_3 伸长为 O_2O_3' 截割头与煤壁的交点。

设：$O_1O_2 = L_1$，$O_2O_3 = L_2$，$O_1O_3 = L_3$，$O_1O_4 = L_4$，$O_2O_3' = L_5$，$O_4O_5 = L_6$，O_1O_4 与 Ox 轴相交角度为 a，$\angle O_3O_1O_3'$ 为 α，截割头处于 O_5' 的坐标位置为 (x_1, z_1)，由 O_2O_3 到 O_2O_3' 升降油缸伸长量为 l_1。则 $L_5 = L_2 + l_1$，由于铰接点 O_1、O_3、O_4 均在截割臂上，且位置不随截割臂运动而改变，则 $O_1O_3 = O_1O_3' = L_3$。使用余弦定理计算出截割头上下垂直摆动截割坐标关系 (x_1, z_1) 如下：

$$\alpha = \cos^{-1}\left[\frac{L_1^2 + L_3^2 - (L_2 + l_1)^2}{2L_1L_3}\right] - \cos^{-1}\left(\frac{L_1^2 + L_3^2 - L_2^2}{2L_1L_3}\right) \tag{5-1}$$

$$x_1 = L_4\cos(\alpha + a) + L_6\cos\alpha \tag{5-2}$$

$$z_1 = L_4\sin(\alpha + a) + L_6\sin\alpha \tag{5-3}$$

（2）截割头水平摆动截割与摆动液压缸伸缩量关系

以回转台回转中心 O 为原点,以 Ox_2y_2 平面为运动面,设摆动液压缸伸缩量为 l_2,回转角为 β,将掘进机简化为刚性连杆机构,如图 5-3 所示。

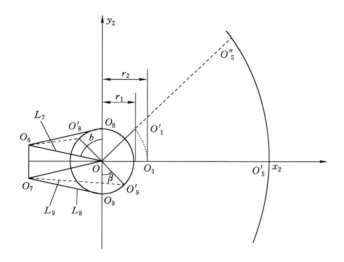

图 5-3　掘进机水平面截割投影图

其中, O_6 为左摆动液压缸与基座铰接点, O_7 为右摆动液压缸与基座铰接点, O_8 为左摆动液压缸与回转台铰接点, O_9 为右摆动液压缸与回转台铰接点, O_5' 为右摆动液压缸由 O_7O_9 伸长为 O_7O_9',同时左摆动液压缸由 O_7O_9 收缩为 O_7O_9' 时截割头与煤壁的交点。

设: $OO_6=OO_7=L_7$, $O_7O_9=L_8$, $O_7O_9'=L_9$, $\angle O_6OO_8''$ 为 b, $\angle O_9OO_9'$ 为 β,回转台半径为 r_1, OO_1 长度为 r_2,截割头处在 O_5' 的坐标位置为 (x_2,z_2),由 O_7O_9 到 O_7O_9' 升降油缸伸长量为 l_2,则 $L_9=L_8+l_2$。使用余弦定理计算出截割头水平摆动截割坐标关系 (x_2,z_2) 如下:

$$\beta = b - \cos^{-1}\left[\frac{L_7^2 + r_1^2 - (L_8 - l_1)^2}{2L_7r_1}\right] \tag{5-4}$$

$$y_2 = (r_2 + x_1)\sin\beta \tag{5-5}$$

$$x_2 = y_2\cot\beta \tag{5-6}$$

伸缩液压缸沿着截割臂与截割头轴线方向移动,设伸缩液压缸伸缩量为 l_3,截割头空间位置为 (x,y,z),由上式共同求出掘进机截割头空间坐标关系 (x,y,z) 如下:

$$x = y\cot \beta \tag{5-7}$$

$$y = [r_2 + L_4\cos (\alpha + a) + L_6\cos \alpha + l_3)\sin \beta] \tag{5-8}$$

$$z = L_4\sin (\alpha + a) + (L_6 + l_3)\sin \alpha \tag{5-9}$$

式(5-7)、式(5-8)、式(5-9)中除 l_1、l_2、l_3 外均为可测量的机构参数,当 l_1、l_2、l_3 变化时空间坐标(x,y,z)也随之对应变化,在掘进机数字孪生系统中编写程序,采集升降液压缸、摆动液压缸、伸缩液压缸伸缩量,或液压缸的升降角和回转角,实时准确地求出掘进机空间位姿。

5.3 掘进机运行数据监测

监测平台由动态数据采集系统与终端显示组成。动态数据采集系统以 PLC 为控制器,配以多种传感器搭建动态数据采集系统,如图 5-4 所示。上述传感器采集的数据均寄存于 PLC 中,进行数据储存转换,经由 TCP 通信协议传输至 KepServer(作为数据接收与发送的中转站),再经由 OPC 通信协议传输至上位机,上位机可下达指令到 PLC,PLC 控制电磁阀组及防爆开关调整掘进机运行状态。

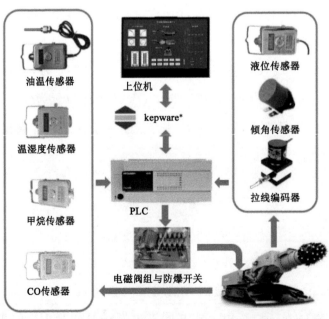

图 5-4　动态数据采集系统结构图

终端显示由力控 ForceControl V 7.1 组态软件实现,分为电气及液压监测、环境监测、位姿监测和振动监测四个功能区,如图 5-5 所示。电气及液压监测实现对电流、电压、液压油位和液压油温的监测。环境监测实现对温度、湿度、甲烷浓度和一氧化碳浓度的监测。在上位机内编写程序,实现对截割头的位姿监测。振动监测实现对掘进机截割头三个方向上振动加速度的监测。上位机对所有监测量均设置安全阈值,对超过安全阈值的数据量及时发出报警。监测平台为操作人员提供了直观的数据体验,通过上位机及时调整掘进机运行状态,为掘进机安全高效运行提供有力保障。

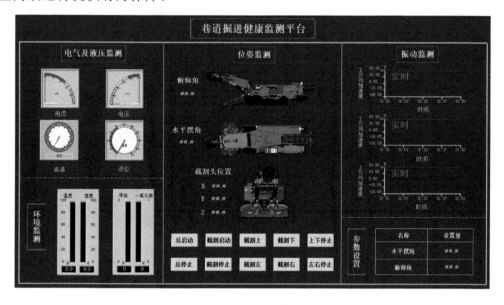

图 5-5　掘进机运行数据监测平台

5.4　掘进机虚实交互系统

在仿真交互平台中,通过建立电控信号模型、虚拟模型、连接、数据和机电概念设计等五个维度,构建可交互虚拟掘进机,如图 5-6 所示。首先利用建模软件构建虚拟模型,并在其中加装各类模拟传感器以实时检测掘进机的运行状态。系统的运行基于数据,因此需要通过三菱公司开发的 OPC 服务器将外置电控系统中采集的实时数据传送至 PC 端,利用 MCD 模块中的信号链接实时驱动掘进机虚拟模型,以实现对掘进工作面作业人员的信息提供、掘进机各部件的实时状态反馈与监测。

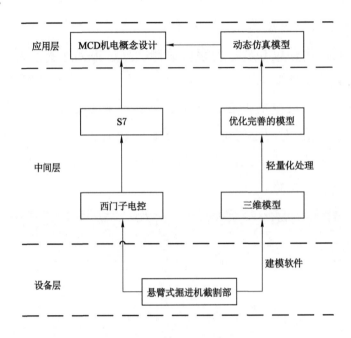

图 5-6　仿真交互构架

为了保证终端显示部分在运行时保持流畅,需要对掘进机的虚拟模型绘制进行优化,并通过与掘进机电控箱的信息读取获得驱动数据和监测数据。使用OPC UA 服务器存储掘进机实时数据,将此驱动数据与 MCD 中的模型信号进行映射以实现利用电控系统数据实时驱动掘进机虚拟模型运动。借助整个机电概念仿真系统中的数据,进行运动学的动态分析,以便为掘进工作面工作人员提供服务。

基于虚拟仿真技术,本章根据 EBZ260H 悬臂式掘进机物理实体的装配图及零件图要求,通过现场测量以 1：1 的比例来完成虚实交互所需的虚拟模型,首先需要解决的就是掘进机的"虚拟模型"建立问题。在仿真交互平台五维构型下,本章需要完成"虚拟模型"的设计。建立"虚拟模型"的目的就是客观真实地反映掘进机的状态。

如图 5-7 所示,为实现虚拟仿真技术,需要保持模型与掘进机截割部实际运动状况,同时保证一定的动画效果,所以需要对模型进行一定的处理。在建模软件 SolidWorks 中建立零件模型并创建装配体,保存为 . SLADSM 格式；以 . step格式将模型导入 NX 机电概念设计模块中,进行下一步的处理。掘进机截割部的模型由各个零件组合而成,掘进机截割部的零件部分由 SolidWorks 绘制而成,装配体也是 SolidWorks 组装的,并将初步的装配体转化成.step 格式导入 NX MCD 中去,再在 NX MCD 中进行最后的装配,形成完整的装配体。需要注意的是在导入模型的过程中有很多无用的信息以及网络模型文件巨大等问题,所以在导入之前就要进行模型的优化处理,达到提高效率的目的。

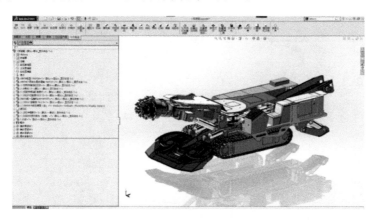

图 5-7　整机三维模型

掘进机内部存在较多的细小零件模型,在 3D 建模的过程中,需要对 3D 模型进行分解,从而加强模型的整体细节效果,同时提高用户的视觉体验。将掘进机整体细分成几个可以在 SolidWorks 制图软件中独立设计的模型,然后在 Solid-Works 中对每一个分解出来的零件进行模型绘制,从而确定每个零件的结构和尺寸等一系列信息。模型的分解工作比较零碎,对模型细节的要求比较高。有些部件的结构并不是一个规则的模型,这里需要对这些结构进行模型分析。分解零件如图 5-8 所示。

在零件模型绘制完毕之后,将零件模型组合装配起来。按照结构关系一一装配零件模型,同时保证下一个零件模型运转的基准点在上一个零件模型上,避免单一模型在虚拟空间上做出不合实际的运动现象。

如图 5-9 所示,在 NX MCD 中,一个“虚拟模型”由多个零件模型组成,在机电导航器内需要对模型添加机械变量,如刚体、碰撞体等,开发人员通过对这些机械变量进行添加电气模拟,从而对整个“虚拟模型”的行为进行控制,使得“虚拟模型”发生变化。被导入的初步模型需要在机电概念器中建立约束关系。

首先,对于模型对象,需要定义其刚体和碰撞体属性。如果未对模型对象进

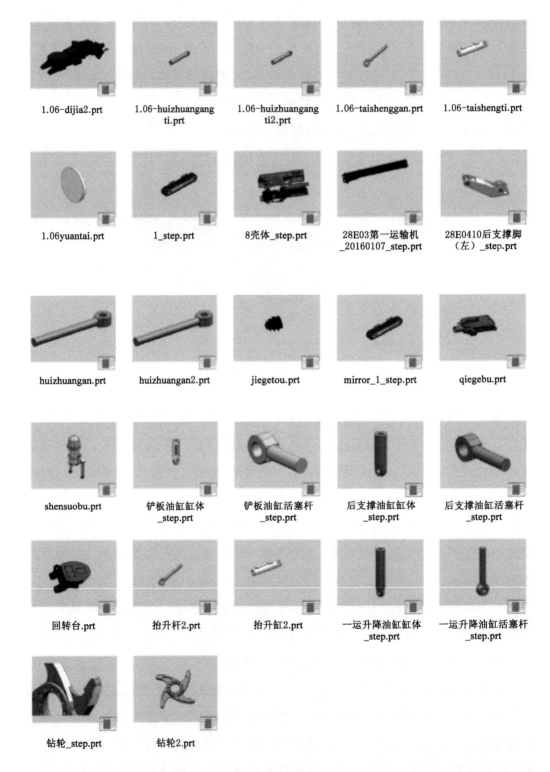

图 5-8　分解零件

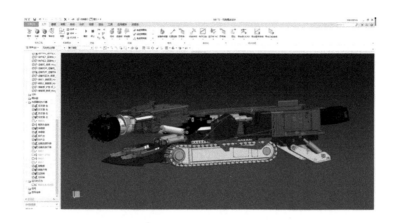

图 5-9　NX MCD 中掘进机虚拟模型

行刚体的定义,那么模型将无法受到力的作用,无法移动或做出动作,而是会浮在模型空间里。因此,需要对模型的每个部件添加质量、惯性等物理属性,以便在交互场景中模拟物体的运动,如图 5-10 所示。

名称 ▲	类型
- 📁 基本机电对象	
+ ☑️⚙️ 底架	刚体
+ ☑️⚙️ 回转杆	刚体
+ ☑️⚙️ 回转杆2	刚体
☑️⚙️ 回转缸体	刚体
☑️⚙️ 回转缸体2	刚体
☑️⚙️ 回转盘	刚体
+ ☑️⚙️ 回转台	刚体
☑️⚙️ 截割部	刚体
☑️⚙️ 截割头	刚体
☑️⚙️ 伸缩部	刚体
☑️⚙️ 抬升杆	刚体
☑️⚙️ 抬升杆2	刚体
+ ☑️⚙️ 抬升刚体	刚体
+ ☑️⚙️ 抬升缸体2	刚体

（a）创建刚体　　　　　　　　　**（b）全部刚体**

图 5-10　模型刚体定义过程

如图 5-11 所示,在模型的逻辑关系和动作有接触但未建立运动副和约束关系的情况下,对于两个部件碰撞,需要为这些部件定义碰撞体,以避免干涉或穿模等情况的发生。碰撞体可以是方块、圆柱或网格线等形状,定义碰撞体可以确保部件之间的接触不会引起不必要的问题。

机电导航器

名称 ▲	类型	所有者组件
+ 📂 基本机电对象		
− 📂 运动副和约束		
☑ 底架_FixedJoint(1)	固定副	
☑ 回转杆_回转缸体_SlidingJoint(1)	滑动副	
☑ 回转杆_回转台_HingeJoint(1)	铰链副	
☑ 回转杆2_回转缸体2_SlidingJoint(1)	滑动副	
☑ 回转杆2_回转台_HingeJoint(1)	铰链副	
☑ 回转缸体_底架_HingeJoint(1)	铰链副	
☑ 回转缸体2_底架_HingeJoint(1)	铰链副	
☑ 回转盘_FixedJoint(1)	固定副	
☑ 回转台_回转盘_HingeJoint(1)	铰链副	
☑ 截割部_回转台_HingeJoint(1)	铰链副	
☑ 截割部_伸缩部_HingeJoint(1)	铰链副	
☑ 截割部_伸缩部_SlidingJoint(1)	滑动副	
☑ 截割头_伸缩部_HingeJoint(1)	铰链副	
☑ 伸缩部_截割头_CylindricalJoint(1)	柱面副	
☑ 抬升杆_截割部_HingeJoint(1)	铰链副	
☑ 抬升杆_抬升刚体_SlidingJoint(1)	滑动副	
☑ 抬升杆2_截割部_HingeJoint(1)	铰链副	
☑ 抬升杆2_抬升缸体2_SlidingJoint(1)	滑动副	
☑ 抬升刚体_回转台_HingeJoint(1)	铰链副	
☑ 抬升缸体2_回转台_HingeJoint(1)	铰链副	

图 5-11　约束与运动副

　　虚拟掘进机截割部模型需要在上文的基础上添加不同的运动副约束来完成不同的运动效果,包括截割头旋转、伸缩液压缸、抬升以及回转台与推杆的推拉等,需要依靠 MCD 平台提供“机械”模块中有关运动副去定义相对应部件的物理属性。

　　在掘进机截割部虚拟模型设计中,使用布尔与双精度两种变量来定义运动参数。为了驱动不同部件的运动,需要在运动副和约束的基础上添加相应的控制器。例如,在截割头部件中,需要在其对应的铰链副上添加速度控制器或力与扭矩控制器,或者两者同时添加。根据掘进机的实际情况,本书采用了同时使用速度控制器和扭矩控制器的方式。通过速度控制器,可以限制最高速度和最大加速度等参数;而通过扭矩控制器,则可以驱动截割头旋转。类似地,对其他运动副也进行了类似的定义和控制。这些操作起初用于仿真限制约束,并可以调节方向路径等参数。最终,需要与实际控制信号进行映射和数据传输,以完成真实仿真控制的过程。运动属性定义如图 5-12 所示。

　　对于碰撞传感器,需要首先定义参与碰撞的两个部件的刚体属性,并在虚拟模型中预留传感器位置。然后在模型中直接选择碰撞传感器,并将其添加到相应

图 5-12　运动属性定义

位置。对于位置传感器,需要将其添加到运动副(如铰链副和滑动副)上。在模型设计时,需选择相应的运动副,并添加位置传感器。而对于距离传感器,则直接添加到相应的刚体上。举例来说,对于截割头需要进行伸缩的情况,可以添加液压阀位置传感器,选择该部件的滑动副,并添加传感器。然后,通过编辑定义出触发条件,以设置传感器的输出信号,例如"伸"和"缩",完成对传感器的添加和配置。液压阀配置如图 5-13 所示。

图 5-13　液压阀配置

为了满足掘进机的动作要求,绘制如图 5-14 所示的功能顺序图以方便程序的设计,以及 TIA Portal 电控仿真系统的搭建。

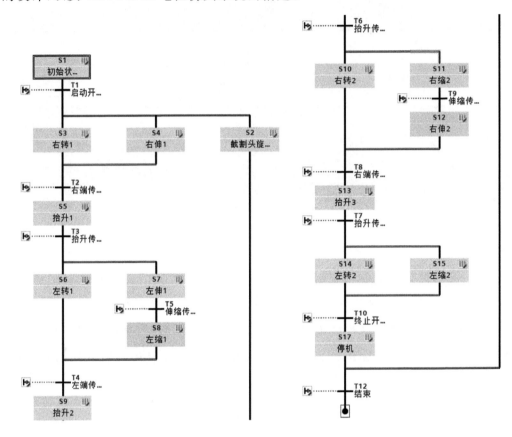

图 5-14　功能顺序图

综合考虑采用 S7 通信协议,由于本书进行的是仿真实验,这里选用 S7-PLCSIM Advanced 来模拟真实的西门子控制器,先编好如图 5-15 所示的 "PLC02"名称便于后续连接,在 PLC type 中选择"Unspecified CPU 1500",再点击"Start",这就完成了仿真 PLC 的建立。在 NX 中点击 PLCSIM Adv 找到控制器 PLC02,刷新注册实例选择 IO/IOM,可以找到在 TIA 中建立的所有信号完成通信建立,如图 5-16 所示。

通过信号适配器定义信号,为了方便后续连接,可以将信号分为输入和输出两个部分进行定义。图 5-17 所示是输入信号,通过 MCD 自带的语言进行双精度与布尔量之间的适配。同样的方法建立输出信号,以便后续能够顺利进行信号的交互。

图 5-15　S7- PLCSIM Advanced

图 5-16　外部信号配置

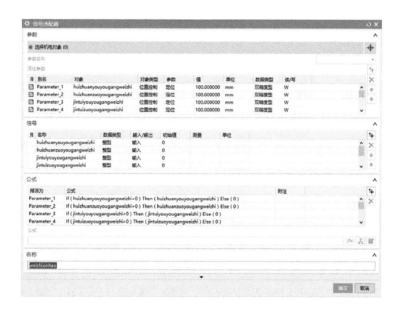

图 5-17　输入信号

映射即信号的交互是关键,在"类型"中选用 PLCSIM Adv 实例选择 PLC02后,之前建立的信号无论是 MCD 内部的还是来自外部 PLC 的都会显示出来,如图 5-18 所示,可以执行自动映射,在一一映射后点击"确实",完成建立。将所有要观察的信号、参数等都添加到"运行察看器"中,这样可以便于观察了解所需信

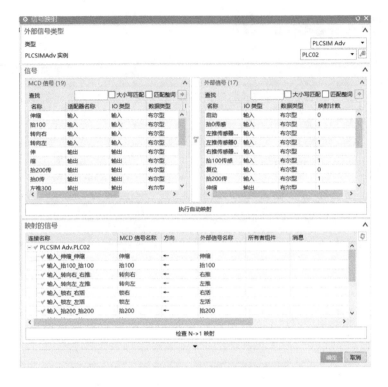

图 5-18　信号映射

息。"察看器"可以直接看到每时每刻的参数变化，比较直观；在"图"中可以看到随着时间、参数变化的趋势曲线，还可以导出所需要的图形。MCD 中悬臂式掘进机已经完成了信号映射，将相关参数添加进察看器中，结合 TIA 的外部控制器，共同组建了掘进机的仿真监控。

5.5　数据驱动的半实物仿真验证

本次半实物仿真所采用的数据通信方式是先利用 MX OPC 将控制器中的数据接收，然后再转到 KEPSever 中，经由 KEPSever 转接至 MCD 虚拟监测平台。MX OPC 中的 GOT 具有透明传输功能。透明传输功能是指在 GOT 与三菱 PLC 连接状态时，在 GOT 上连接计算机，通过 GOT 进行 PLC 程序的读取、写入、监视等功能。本次实验所使用的传输端口为 COM3 端口，传输速率为 115.2 k/s。

打开 GX Developer 软件，然后选择新建一个工程，选择 PLC 类型为 FX3U，在主程序中编写本次半实物仿真实验的测试程序，程序流程如图 5-19 所示。

图 5-19 升降程序

选择 tools-start laader logic text，程序将上载到虚拟 PLC 中，下载完成后，PLC 显示 run 模式，选用 485 转 USB 转接线将程序下载到真实 PLC 中。打开 MXConfihurator，选择 edit-newdevice，分别添加 M、X、Y 等变量，数据连接端口选择 COM1，波特率设置为 9600。选择 monitor view，然后查看数据的读取情况，quality 显示 good 即为通信成功，如图 5-20 所示。

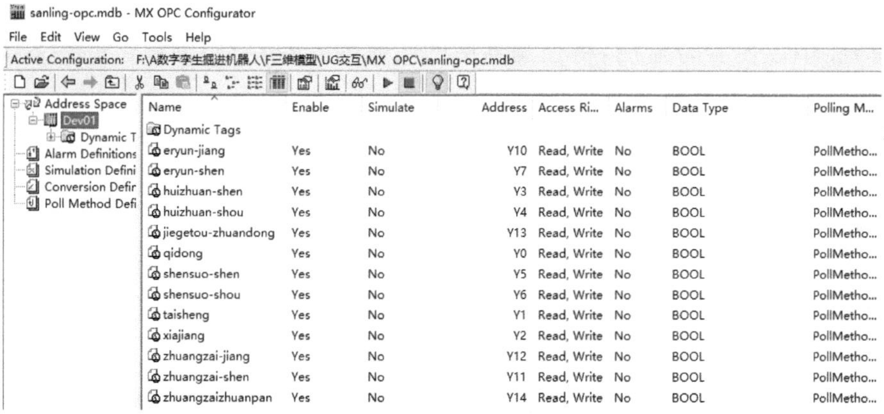

图 5-20 控制器数据读取

创建新通道，添加 OPC DA Client，将 MX OPC 中的实时数据传输到 KEPSever 中，在 KEPSever 中需配置流控制属性，流控制在串行通信中指的是数据流。实时数据在每两个端口之间传输时，会发生丢失数据的现象，或者两台数据处理终端的处理速度不同，如台式机与控制器之间的交互，接收端数据缓冲区已满，则此时继续发送来的数据就会丢失。现在我们在网络上通过 MODEM 进行数据传输，这个问题就显得尤为突出。流控制能解决这个问题，当接收端数据处理不过来时，就会发出"不再接收"的信号，发送端就停止发送，直到收到"可以继续发送"的信号再发送数据。因此流控制可以控制数据传输的进程,防止数据的丢失。数据处理终端中常用的两种流控制是硬件流控制(包括 RTS、DTR)和软件流控制[XON/XOFF(继续/停止)],下面分别说明。

硬件流控制常用的有 RTS 流控制和 DTR(数据终端就绪/数据设置就绪)流控制。硬件流控制必须将相应的电缆线连接上,用 RTS(请求发送/清除发送)流控制时,应将通信两端的 RTS 线对应相连,数据终端设备(如计算机)使用 RTS 来起动调制解调器或其他数据通信设备的数据流,而数据通信设备(如调制解调器)则用 CTS 来起动和暂停来自计算机的数据流。在编程时根据接收端缓冲区大小设置一个高位标志(可为缓冲区大小的 75%)和一个低位标志(可为缓冲区大小的 25%),当缓冲区内数据量达到高位时,在接收端将 CTS 线置低电平,当发送端的程序检测到 CTS 为低后,就停止发送数据,直到接收端缓冲区的数据量低于低位而将 CTS 置高电平。RTS 则用来标明接收设备有没有准备好接收数据,在此通道中选择 RTS 与 DTR 兼容模式。将 MX OPC 中的数据组添加到 KEPSever 中以便实时监测,将控制器中的实时数据暂存至 OPC 服务器 KEPSever 内。数据接收端如图 5-21 所示。

图 5-21　数据接收端

打开 Quick client,将 X0 变量值由 0 变为 1,数据变化的同时,监视程序也相应变化。在 MCD 中进行信号配置,使 MCD 中的虚拟模型动作信号与实际电控系统中的信号适配与映射,以便完成由实际电控系统驱动的虚拟模型运动,完成外部信号配置。模型由数据驱动期间会出现关节运动干涉问题,经实验发现由真实数据驱动时的模型优先级最高,所以在运行交互之前要将所有虚拟平台的运动驱动信号设置为关闭状态,经半实物仿真验证可得在延时允许的范围内能实现虚实交互。半实物仿真操作平台如图 5-22 所示。

图 5-22　半实物仿真操作平台

5.6　掘进机虚实交互实验验证

上位机、PLC 控制器、GWSD100/100 矿用温湿度传感器、GTH1000(A)一氧化碳传感器、GJC4(A)甲烷浓度传感器、GWD100(A)温度传感器、GUY10(A)液位传感器、欧姆龙倾角传感器、欧姆龙拉线编码器、三方向加速度传感器和继电器等可作为掘进机的硬件配套设备。在升降液压缸和回转液压缸上安装拉线编码器,采集升降液压缸和回转液压缸的伸缩量。在截割臂和回转台上安装倾角传感器用于采集截割臂的升降角。在回转台上安装倾角传感器用于采集截割臂的回转角。三方向加速度传感器安装在截割臂上用于采集截割臂振动数据。温度传感器与液位传感器安装在液压油箱上用于采集液压油位与温度,其余传感器安装在机体保护壳处。电磁阀组用于各液压缸阀门,防爆开关用于控制截割电机与油泵电机。

为验证掘进机位姿监测的准确性,在水平截割面和垂直截割面,分别采集100 组物理掘进机实际空间位姿,绘制出虚拟掘进机截割轨迹与物理掘进机截割轨迹。

图 5-23 所示为截割头垂直面截割轨迹拟合曲线,对比两种截割轨迹可知,理

论截割轨迹与实际截割轨迹最大误差在 35 mm 以内。图 5-24 所示为截割头水平面截割轨迹拟合曲线,对比两种截割轨迹可知,理论截割轨迹与实际截割轨迹最大误差在 38 mm 以内。上述结果表明,受物理掘进机振动及环境干扰,虚拟掘进机截割轨迹与物理掘进机截割轨迹基本一致,系统计算的截割轨迹与物理实体截割轨迹最大误差在 38 mm 以内,满足煤矿安全规程。

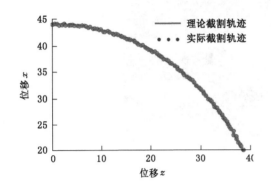

图 5-23　截割头垂直面截割轨迹拟合曲线

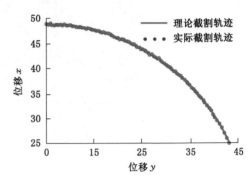

图 5-24　截割头水平面截割轨迹拟合曲线

为验证掘进机虚实交互系统的同步功能,根据掘进机实际工作情况,在上位机输入各传感器采集量安全阈值,设置自动截割轨迹和巷道边界数据,完成巷道掘进断面成形的一个循环,如图 5-25 所示。其中,监测平台对掘进机运行数据及环境数据的监测可视化效果好,可实现对掘进机的远程控制及参数调整,通信延

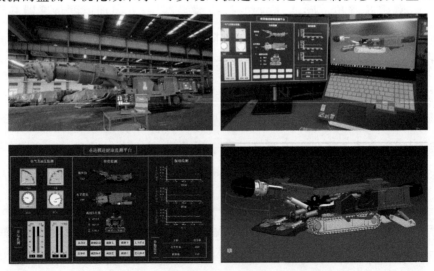

图 5-25　基于数字孪生的掘进机虚实交互系统

迟在 15 ms 以内,但无法展现掘进机动作;三维掘进机虚实交互平台,对掘进机实时动作交互直观,截割轨迹实时展现,通信延迟在 10 ms 以内,但对掘进机运行数据及环境数据监测不够直观,且调取监测数据繁琐。

上述结果表明,二维巷道掘进健康监测平台和三维掘进机虚实交互平台通信延迟较小,且两者之间的通信延迟时间差在 10 ms 以内,满足煤矿安全规程要求。

6 掘进机截割部实验台数字孪生系统

孪生服务系统是一个拥有数据连接、可视化与监控分析等功能的系统平台[25]。目前数字孪生系统使用 Unity3D 软件建立孪生模型居多,在功能上以数据监测和动作交互为主,对物理模型的具体诊断过程叙述较少。本书将使用 UE（Unreal Engine 5）、MATLAB 和 MySQL 等软件,构建掘进机数字孪生监测平台。

针对自主搭建的掘进机截割部实验平台实验过程不稳定、实时监测可视化效果差、作业数据管理不当等问题,提出了一种基于数字孪生的掘进机截割部状态实时监测的方法。首先,绘制了数字孪生掘进机截割部五维模型架构[26],根据数字孪生掘进机截割部五维模型架构介绍了各个维度在数字孪生系统中的含义;其次,搭建了数字孪生掘进机截割部总体框架,并根据框架设计了掘进机截割部数字孪生系统,数字孪生系统的设计涉及截割部数字场景的搭建、孪生数据管理、故障诊断数据传输、监测服务平台搭建等关键技术;最后以掘进机截割部实验平台实验过程为应用案例,对该监测方法进行验证,证实了该数字孪生监测系统的可行性,为截割部实验平台在实验过程中的安全性提供了保障。

6.1 数字孪生系统构建方案

掘进机数字孪生系统基于多传感器信息融合技术,通过通信技术和数据管理技术建立掘进机实体与孪生体之间的连接,实现掘进机三维可视化的交互与监测。

在此基础上对数据管理平台进行进一步研究,融合机器学习或深度学习分析监测数据,构建出数字孪生系统中的故障诊断模型,实现对掘进机关键部位的故障诊断。掘进机数字孪生系统由物理实体、虚拟实体、孪生数据、服务平台和连接交互组成,如图 6-1 所示。物理实体是现实世界中的实体,虚拟实体是基于物理实体的数字化模型,孪生数据是系统的核心部分,服务平台提供各种功能服务,连接交互是实现虚实连接的通道。

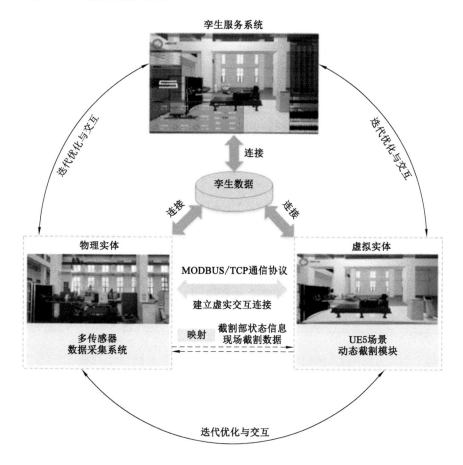

图 6-1　数字孪生掘进机截割部五维模型架构

数字孪生掘进机系统共有四层:物理层、虚拟层、数据层和服务层,如图 6-2 所示。这些层面相互协作,以确保系统的可靠性。物理层为第 2 章搭建的掘进机实验平台,包括掘进机实体、模拟煤岩和传感器。虚拟层为基于 UE5 软件建立的掘进机实验台数字化镜像映射模型,即虚拟实体,在时空状态下与物理实体模型保持一致。数据层作为掘进机实验平台数字孪生系统的核心,融合了物理数据、孪生数据和诊断数据,以 MySQL 作为数据的管理平台,一方面储存物理掘进机的运行数据,另一方面作为孪生数据和诊断数据的数据源,所有的控制指令和诊断结果均通过数据层上传下达,是连接物理世界与虚拟世界实时、动态、双向联系的纽带。服务层则是一个拥有数据连接、可视化与监控分析等功能的系统平台。

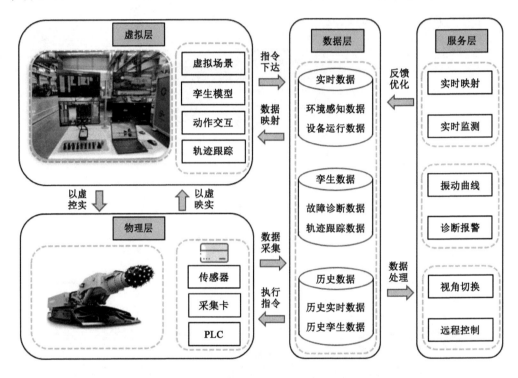

图 6-2 掘进机数字孪生系统整体架构

虚拟掘进机截割部能够在线监测物理实体状态并映射动态截割过程,在物理掘进机发生故障时,能够及时发出警报;同时,结合数据通信技术反向调控掘进机实验台物理实体的状态和行为。孪生系统在采集掘进机实验台传感器信号并处理分析后可以在一定程度上指导掘进机截割过程,有利于实时分析掘进机截割头的截割状态,提高截割头故障模式识别的准确率。

6.2　虚拟模型搭建

孪生掘进机模型依靠 SolidWorks 和 UE5 模块进行三维建模组合设计。由于掘进机截割部内存在大量的零部件,在 SolidWorks 三维建模过程中,在秉持不影响虚实交互效果的原则下,合理优化模型,分部分批建模,以掘进机不同的执行动作装配模型,获得底架、回转平台、截割部、液压缸及截割头等部件轻量化模型,以减少电脑 CPU、GPU 的负担,从而提高运行效率。轻量化模型组成如图 6-3 所示。然后按照自下而上的装配方法装配零件,确保零件模型运转的基准面、基准线与基准点建立在前一个模型基础上,避免单一模型在虚拟空间上做出不符合物理空间的运动情况。

图 6-3　轻量化模型组成图

将轻量化模型以 UDATASMITH 文件格式导入 UE5,首先定义虚拟模型的物理属性,若未对模型对象进行定义,将无法对模型施加力等作用,模型会浮在模型空间里,无法移动,无法做出动作。

对底架、回转平台、截割部、液压缸及截割头等虚拟部件模型设置结构蓝图类别,在蓝图类别对各个虚拟部件模型进行渲染,添加相应的物理属性,定义父子级关系,增强虚实之间的交互性和模拟真实物体的外观特性,如图 6-4 所示。

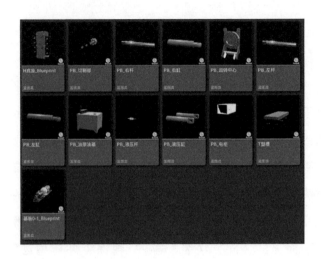

图 6-4　蓝图类别模型组成图

　　根据实验室具体环境，在虚拟空间中按比例搭建场景模型，并计算虚拟模型在虚拟空间中的位置，确保其与真实截割部的位置一致。为了模拟真实截割效果，添加碰撞体，并制作虚拟掘进机截割煤岩时的落煤效果，从而增强虚拟截割部截割场景的真实感。在搭建好的场景中定义虚拟模型运动属性。

　　在 UE5 里对设置好的蓝图类部件通过编程赋予其截割、升降、左右旋转等动作。根据掘进机各个运动部件连接情况，使用 Rotate 函数赋予模型行为运动副，添加不同的运动副约束来实现掘进机运动效果，与实际掘进机运动特性相匹配。例如在截割头与传动轴之间赋予转动副，在回转中心与基板左右之间赋予转动副，在液压杆与液压缸之间赋予移动副，确保在模型上实现各种特定的行为逻辑，并且赋予其丰富的交互和映射功能。掘进机虚拟模型如图 6-5 所示。

图 6-5　掘进机虚拟模型

6.3　孪生数据管理

孪生数据是数字孪生系统的核心组成部分,负责保障系统稳定运行。其管理包括数据采集、处理、存储和传输等。数据采集是系统搭建的首要步骤,数据处理支撑了系统中的虚实交互和服务平台。数据存储保证了系统的稳定性,而数据传输则连接了物理实体、虚拟实体和服务平台。数字孪生系统是多种技术融合的产物,底层有大量数据支撑系统的稳定运行,为了管理数据信息,采用 MySQL 数据库作为数据管理中心。孪生数据管理平台数据传输流程如图 6-6 所示。

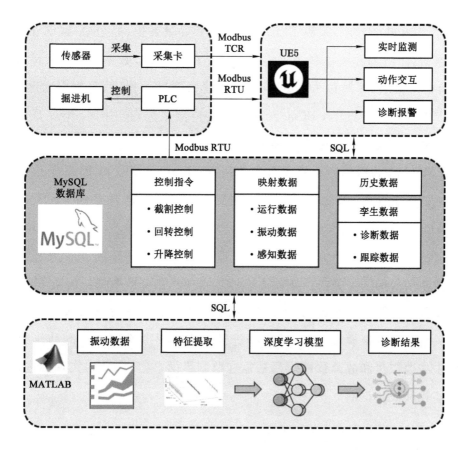

图 6-6　孪生数据管理平台数据传输流程

通过前文分析,实时数据包含开关量和模拟量数据,实时数据传输分为输入和输出两个部分。Modbus 通信蓝图如图 6-7 所示。

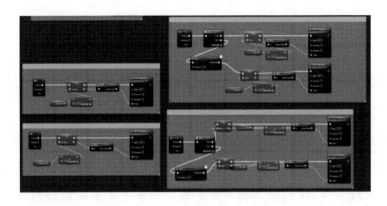

图 6-7　Modbus 通信蓝图

信号输入分为两条路线：① 调用 Modbus 通信协议模块，编写以 Modbus RTU 协议为基础的程序，采集 PLC 中寄存的开关量数据，通过 A-BOX 云盒子无线传输数据，使用 Modbus IP 协议将数据寄存在 MySQL 数据库中；② 调用 Modbus 通信协议模块，编写以 Modbus TCP 协议为基础的程序，采集以太网功能数据采集卡中的数据，通过 A-BOX 云盒子无线传输数据，使用 Modbus IP 协议将数据寄存在 MySQL 数据库中。信号输出部分通过 A-BOX 云盒子无线传输数据，使用 Modbus RTU 协议，在 UE 中使用 Modbus IP 协议对 PLC 下达指令，控制掘进机的各个动作，以便应对不同截割工况。实时数据寄存到 MySQL 后，在 MATLAB 中调使用 MySQL JDBC 驱动程序，建立 MATLAB 与 MySQL 之间的通信，将掘进机截割头振动数据输送到故障诊断网络模型中训练生成孪生数据，把故障诊断结果的孪生数据反馈给 MySQL 储存。在 UE 中编写访问 MySQL 数据库蓝图程序，调用 MySQL 数据库的实时数据和故障诊断结果数据，实时数据中的开关量驱动虚拟模型运动，完成掘进机实体与虚拟模型之间的动作交互，实时数据中的模拟量和故障诊断结果数据在监测界面上实时显示，实现掘进机运行状态的监控和故障诊断。

6.4　监测服务平台搭建

监测服务平台通过在 UE5 中使用 Widget Blueprint 模块搭建。通过编程平台主要实现五大功能模块：状态模块、轨迹跟踪模块、工作参数模块、三维可视化模块及故障诊断模块。监测服务平台搭建流程如图 6-8 所示。运行状态模块包含通信状态及各个传感器工作状态,以各个状态量的真实数据为驱动,正常工作时虚拟指示灯显示为绿色,异常工作或通信不正常时虚拟指示灯显示为红色。轨迹跟踪模块以掘进机的运动数据为驱动,通过轨迹跟踪推导过程获得截割头空间坐标位置,基于 Draw Lines 函数实时绘制在画布上,实现截割头的轨迹跟踪。

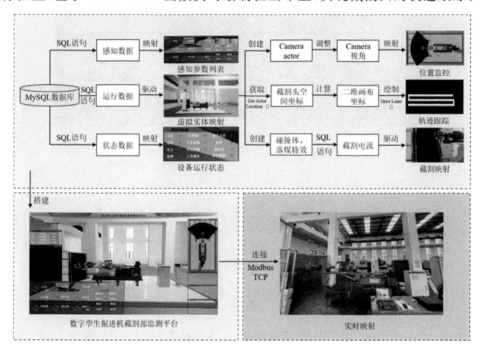

图 6-8　监测服务平台搭建流程

工作参数模块包括电流、电压、温度湿度、甲烷、液压缸位移、截割头转速等监测参数,设计了监测参数列表,选择数据库中实时感知数据为数据源,通过编程将工作参数在参数监测列表中展现出来。三维可视化模块是数字孪生系统实现以虚映实的关键环节,调用数据库中的实时运行数据为模型的运行提供动力,完成物理实体驱动虚拟实体动作。故障诊断模块以振动加速度传感器的信号作为数据源,以实时曲线的形式监测振动信号,并通过故障诊断结果的孪生数据判别截割头状态,在故障时及时发出报警信息。可以通过按钮、滑块或其他交互控件,例如,控制开关、调整截割头转速等来模拟对掘进机的控制操作。上述所有模块均使用蓝图脚本为监测服务平台中的控件添加交互逻辑,提取 MySQL 数据库中对应的数据,更新监测服务平台的数值或状态,方便操作人员实时查看设备状态,为机身运行提供安全保障。数字孪生掘进机监测服务平台如图 6-9 所示。

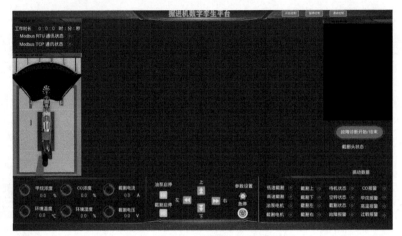

图 6-9　数字孪生掘进机监测服务平台

6.5　数字孪生系统实验验证

6.5.1　数字孪生系统工作流程

如图 6-10 所示，按照 2.2.3 节传感器布局安装传感器，分别通过 USB 接口和以太网接口，将 PLC 和数据采集卡连接到电脑，数字孪生系统的具体操作步骤如下：

图 6-10　掘进机数字孪生系统现场验证

步骤 1：修改电脑的 IP 地址，确保电脑和数据采集卡的 IP 地址在同一频段。

步骤 2：打开 UE 软件进入数字孪生系统监测界面，检测 Modbus 通信状态，正常通信时对应的图标变成绿色，否则为红色。

步骤 3：检测数据传输状态，确保振动传感器、位移传感器、电流传感器、电压传感器、温湿度传感器和甲烷传感器数据存储在 MySQL 数据库中。

步骤 4：开启油泵电机和截割电机，设置掘进机截割头的转速和液压缸的摆臂速度，按照预设截割轨迹，进行截割模拟煤岩试验。

步骤 5：监测掘进机运行状态下的各项传感器数据，检测掘进机的物理实体与虚拟模型的动作交互效果，绘制掘进机截割头截割轨迹。

步骤 6：使用数字孪生系统故障诊断功能，判别掘进机截割头故障状态，若诊断出截割头故障，系统将会弹窗显示故障信息。

6.5.2　通信功能验证

使用 A-BOX 物联网模块，存储数据至云服务器，并通过 4G 模式进行数据上传。这一过程中，将含有数据流量的 SIM 卡插入卡槽中，等待指示灯常亮，即可登录 BOX manager 进行通信参数的设置，参数设置成功，可以进行地址分配及指令名称编辑，地址配对成功后，即可远程控制悬臂式掘进机电控系统。如图 6-11（a）、（b）所示，根据 A-BOX 提供的设备 ID 和密码与设备进行连接，悬臂式掘进机专用数据传输盒前面，设备运行状态为 1，选择工作模式为 4G 模式，通过 4G 传输数据。图 6-11（c）与图 6-11（d）分别为设备状态和工作模式设置过程。

在串口参数配置进行 COM1 通信参数设置，波特率为 9 600，数据位为 7，校验位选择 EVEN，停止位为 1。如图 6-12 所示，右击 COM1 建立通信设备 FX3U3G，在通信指令下添加指令，以温度数据采集为例：定义名称为"温度 1"，设置对象地址 D60，对象个数为 1，A-BOX 对象地址为 D1010，建立所有监测与控制参数，完成数据映射关系，在自由监控系统的窗口可以查看设备地址当前参数，D1010 对应"温度 1"，对应当前温度 21 ℃。以此类推，将所有数据量建立映射关系在系统信息一栏可以查看设备联网方式、运行时间、系统时间等参数。

为了测试系统远距离传输性能，选择距离实验台 500 m 以外的地点，打开误码率测试软件，在连接选项中，输入 A-BOX 的设备 ID、IP 地址、端口号，以建立通

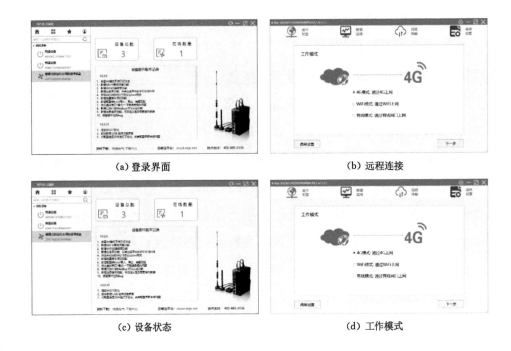

图 6-11　平台通信参数设置过程

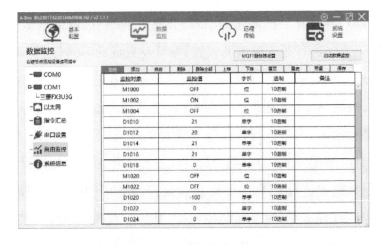

图 6-12　远程数据映射关系建立

信连接。设置测试数据的范围,数据包个数为 82854,数据包大小为 800 个字节,每 100 ms 发送一次。软件将会发送一系列测试数据包到信捷 A-BOX 物联网软件中,然后接收模块返回的数据包,并进行比对分析,从而计算出误码率,如图 6-13所示。结果表明数据实时传输效率达到 97.8%,满足数据实时传输要求。

在 UE 中使用 UE Modbus 插件建立蓝图编写串口数据采集代码,配置串口

图 6-13　数据实时传输效率测试图

通信参数：波特率 9 600、数据位 8、停止位 1 和偶校验，使用 Modbus RTU 协议功能码读写 PLC 中的开关量数据，将读取的开关量数据存储在 UE 的变量中。编写以太网功能数据采集代码，配置以太网通信参数：IP 地址 192.168.1.110、端口号 502，使用 Modbus TCP 协议功能码读取数据采集卡中的各个传感器模拟量数据，将读取的模拟量数据存储在 UE 的变量中。使用 UE MySQL 插件，编写 UE 代码连接 MySQL 数据库，设置数据库连接参数：主机地址 plc、用户名 root 和密码等，将从 PLC 和数据采集卡中采集的数据以及其他孪生数据组织成 SQL 插入语句，将数据存储在 MySQL 数据库中，如图 6-14 所示。实时数据库如图 6-15 所示。

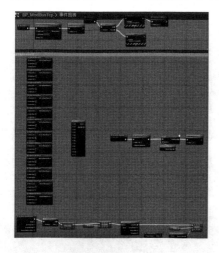

图 6-14　数据采集蓝图

图 6-15　实时数据库

6.5.3　监测与交互功能验证

以缺齿截割头为例,使用截割模式 5 截割煤岩,在数字孪生监测界面中,设置掘进机截割头的转速为 27 r/min、掘进机截割臂回转速度和升降速度均为 80 mm/min,通过虚实交互按钮启动油泵电机和截割电机,按照"S"轨迹截割模拟煤岩,通过 SQL 语句中的 SELECT 语句调取数据库中寄存的振动传感器、位移传感器、电流传感器、电压传感器、温湿度传感器和甲烷传感器,通过蓝图实时在监测界面中显示,如图 6-16 所示。根据位移传感器数据信息,结合截割轨迹孪生数据,基于 Draw Lines 函数将获取到的坐标绘制在画布面板中,记录截割部的实时运行轨迹,掘进机位姿监测结果如图 6-17 所示,掘进机轨迹跟踪如图 6-18 所示。

图 6-16　数字孪生系统监测界面

图 6-17　掘进机位姿监测

图 6-18　掘进机轨迹跟踪

6.5.4　故障诊断功能验证

首先,在计算机上安装 MySQL Connector/J 驱动程序,在 MATLAB 中,将 MySQL Connector/J JAR 文件添加到 Java 类路径中,使用 MATLAB 的 Java 功能加载 JDBC 驱动程序,以便 MATLAB 可以通过该驱动程序连接 MySQL 数据库。使用 MATLAB 中的 database 函数,设置数据库名称、用户名、密码等参数,连接到 MySQL 数据库,通过 sqlquery 函数选择数据库中截割头振动数据,如图 6-19所示。

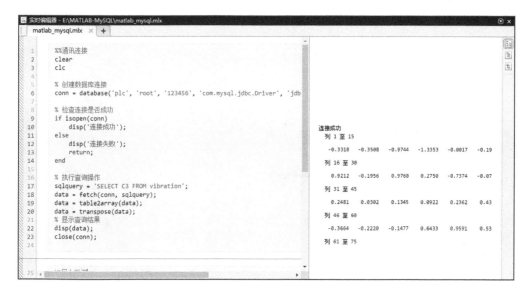

图 6-19　MATLAB 获取截割头振动数据过程

使用第 3 章和第 4 章建立和训练的故障诊断模型,将所有的超参数寻优结果确定为模型的最终参数。安装相对应版本的 MATLAB runtime 组件,使用 MATLAB Compiler 工具箱将 MATLAB 故障诊断模型封装成".exe"文件,如图 6-20所示。将".exe"文件安装在计算机上,不仅可以在没有 MATLAB 软件的计算机上运行 MATLAB 应用程序,而且能够实现在 UE 中直接调用故障诊断模型,从而实现更广泛的部署。

如图 6-21 所示,在 UE 中编写蓝图,创建按钮控件,用于触发调用 MATLAB 可执行文件的操作,创建一个自定义的角色类,用于处理按钮点击事件并调用 MATLAB 的".exe"文件。

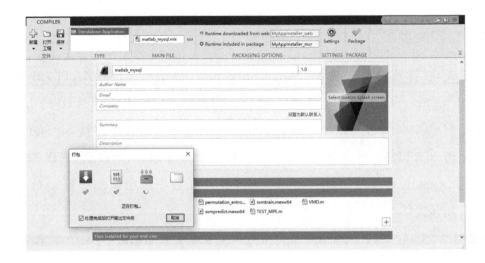

图 6-20　故障诊断模型封装过程

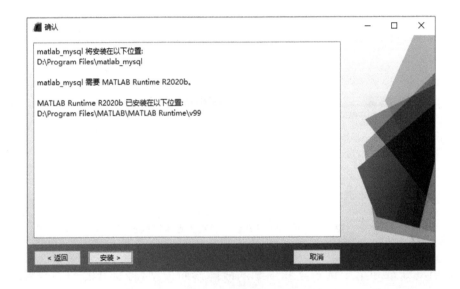

图 6-21　故障诊断模型安装过程

在角色类中编写 C＋＋代码，使其能够在按钮点击事件中调用 MATLAB 的
".exe"文件，将按钮的点击事件与调用 MATLAB 的".exe"文件的函数绑定在一
起，用户点击按钮时执行故障诊断的操作，系统将诊断结果与定义好的故障类型
进行对比，触发相应的故障类型弹框，提醒用户进行维修与更换，具体如图 6-22
和图 6-23 所示。

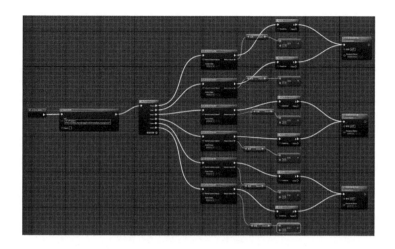

图 6-22　UE 调用故障诊断模型蓝图

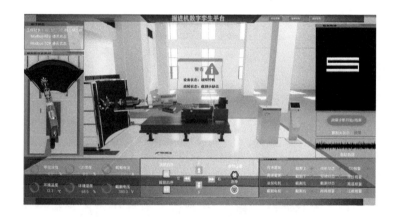

图 6-23　掘进机数字孪生系统故障诊断验证

7 总结与展望

7.1 研究结论

针对掘进机截割头故障诊断困难问题，提出了基于数字孪生的掘进机截割头故障诊断方法，通过数字孪生技术完成在线数据驱动的掘进机高逼真度行为交互，实现掘进机实时状态可视化，大幅度减少对物理实体测试环境的依赖或人体伤害，提高巷道掘进的安全性。将深度学习融入数字孪生系统，即能够摆脱对大量信号处理技术与诊断经验的依赖，完成特征的自适应提取与掘进机截割头健康状态诊断，又可以解决传统故障诊断方法的滞后性，实现在线监测掘进机运行状态和截割头健康状况。本书的主要研究结论如下：

（1）本书给出了掘进机数字孪生系统搭建过程。从实际出发，分析了掘进机截割头产生故障的原因及故障区域，制作了 3 种不同健康状态的截割头，基于相似理论搭建了掘进机实验台，为数字孪生系统提供物理实体，为截割头的故障诊断提供原始诊断信号。使用 SolidWorks 和 UE5 联合建模，建立了高保真的掘进机孪生模型与虚拟环境，赋予了模型的物理属性与运动属性，为虚实交互奠定了基础。使用 MySQL 数据库为数据管理中心，分为实时数据、孪生数据和历史数据三大模块，分别寄存有掘进机的运行数据、环境数据、轨迹跟踪数据、故障诊断数据等。搭建了数字孪生服务层，用于监测掘进机各项运行数据，绘制掘进机截割轨迹，调控掘进机运行模式，判断截割头健康状态。

（2）针对掘进机截割煤岩的特点，分析了掘进机截割煤岩的振动特性，给出了噪声的来源。针对截割特性，提出了 GJO-VMD 的信号分解方法，仿真与实验结果表明：相较于 LMD、WPT 和 EMD 信号分解方法，本书所提出的 GJO-VMD 的信号分解方法能够有效避免过度分解和模态混叠问题，分解后的信号较好地保留了截割特性。为体现 GJO-VMD 的性能，分别使用 SSA-VMD、ALO-VMD、GWO-VMD 和 WOA-VMD 算法进行对比，结果表明 GJO-VMD 算法平均寻优次数最少，仅为 4.15 次，寻优时间最短，仅为 15.7 s。

（3）为探究掘进机截割头故障诊断方法，使用 MPE 进行初步特征提取，结合 CPO-CNN-SVM 方法对截割头进行故障诊断模型。通过将 MPE 提取的特征作为 CNN 的输入，在保留信号动态特性的同时，进一步提取出 CNN 全连接层的高维特征，提高模型的泛化性和抗干扰能力。实验表明，CPO-CNN 算法可以提高 CNN 训练过程的收敛能力，提高模型训练过程的稳定性。为体现模型的诊断性能，分别使用 PSO-SVM、GWO-SVM 和 IGWO-SVM 进行对比，实验结果表明：本书所提的 CPO-CNN-SVM 方法的平均准确率为 98.33%，平均诊断时间为 0.18 s，性能优于其他 3 种算法。将掘进机数字孪生系统应用于缺齿截割头截割煤岩实验，通信测试结果表明，本书所构建数字孪生系统的实时传输数据准确率为 97.8%，满足数据实时传输要求，截割轨迹跟踪正常，数据监测可视化强，故障诊断准确。

7.2　研究展望

本书实现了基于数字孪生的掘进机截割头故障诊断，搭建了掘进机截割实验平台，验证了数字孪生系统的性能，对比了不同的信号分解与故障诊断方法，验证了数字孪生系统的功能。但以下方面还有待深入扩展。

（1）在截割头故障诊断方面，未能对截割头的故障模式进行定量分析，截割头从全新到缺齿，具备一个全周期的流程，大致可分为全新、轻微磨损、中度磨损、重度磨损、失效和截齿断裂，本书仅考虑了截割头故障的两种情况，未能从定量角度研究掘进机截割头的截割性能。后续研究可以定量分析不同磨损故障状态下，微弱区分信号下的故障诊断方法。

（2）在截割头截割模式上，实验中使用的是单一截割模式，即截割方向为从右向左，掘进机截割臂回转速度为 80 mm/min，没有研究不同截割臂摆臂速度和截割方向对截割头振动特性和故障诊断结果的影响。也没有分析不同模拟煤岩硬度对截割头故障诊断结果的影响。后续研究可以结合掘进机不同摆臂方式和煤岩硬度的组合，进一步探究故障诊断方法。

（3）在数字孪生系统通信方式上，采用的是 Modbus TCP 和 Modbus RTU 联合通信的方法。这种方法将模拟量数据和开关量数据分开传输，避免了数据通道拥堵，但是在一定程度上影响了数据传输上的同步性，后续研究可以采用网络交换机，进一步探究实时数据的传输率和同步性。本研究将 MATLAB 作为故障诊断平台，使用 MySQL 数据库中转诊断数据，会影响诊断结果的时效性。后续研究可以探究直接将 MATLAB 和 MySQL 建立通信，进一步降低诊断结果的滞后性。

（4）在故障诊断方面，使用智能优化算法实现了信号分解、特征提取和故障诊断算法的超参数寻优，实现了较好的故障诊断效果。但是本书将加速度振动信号作为故障诊断的原始信号，后续研究可以考虑融入扭矩、电流等信号，从不同数据分析截割特性，进一步提高故障诊断效果。

——参 考 文 献——

［1］关于加快煤矿智能化发展的指导意见［N］.中国煤炭报,2020-03-05(002).

［2］王国法,任怀伟,马宏伟,等.煤矿智能化基础理论体系研究［J］.智能矿山, 2023,4(2):2-8.

［3］王国法,孟令宇.煤矿智能化及其技术装备发展［J］.中国煤炭,2023,49(7): 1-13.

［4］康红普,姜鹏飞,刘畅.煤巷智能快速掘进技术与装备的发展方向［J］.采矿与 岩层控制工程学报,2023,5(2):5-7.

［5］樊红卫,张旭辉,曹现刚,等.智慧矿山背景下我国煤矿机械故障诊断研究现 状与展望［J］.振动与冲击,2020,39(24):194-204.

［6］吴景红.煤矿机械故障诊断研究现状及发展趋势［J］.煤炭工程,2023,55(6): 187-192.

［7］刘送永,刘强,崔玉明,等.煤矿悬臂式掘进机多信息监测系统设计与研究 ［J］.煤炭学报,2023,48(6):2564-2578.

［8］耿晋杰.掘进机故障分析与优化设计［J］.西部探矿工程,2020,32(9): 160-161.

［9］刘亚南,刘阳.掘进机截割头结构的改进设计分析［J］.现代工业经济和信息 化,2017,7(13):26-27.

［10］孙晨楠.浅析煤矿综采放顶煤安全开采问题［J］.矿业装备,2020(3): 126-127.

［11］GLAESSGEN E,STARGEL D. The digital twin paradigm for future NASA and U. S. air force vehicles[C]//Proceedings of the 53rd AIAA/ASME/ASCE/AHS/ASC Structures,Structural Dynamics and Materials Conference,20th AIAA/ASME/AHS Adaptive Structures Conference,14th AIAA. Honolulu,Hawaii. Reston,Virigina:AIAA,2012:1818.

[12] PARMAR R,LEIPONEN A,THOMAS L D W. Building an organizational digital twin[J]. Business Horizons,2020,63(6):725-736.

[13] TAO F,XIAO B,QI Q L,et al. Digital twin modeling[J]. Journal of Manufacturing Systems,2022,64:372-389.

[14] 陶飞,马昕,胡天亮,等.数字孪生标准体系[J].计算机集成制造系统,2019,25(10):2405-2418.

[15] 陶飞,张辰源,刘蔚然,等.数字工程及十个领域应用展望[J].机械工程学报,2023,59(13):193-215.

[16] GENG R X,LI M,HU Z Y,et al. Digital Twin in smart manufacturing:remote control and virtual machining using VR and AR technologies[J]. Structural and Multidisciplinary Optimization,2022,65(11):321.

[17] JIA W J,WANG W,ZHANG Z Z. From simple digital twin to complex digital twin Part I:a novel modeling method for multi-scale and multi-scenario digital twin[J]. Advanced Engineering Informatics,2022,53:101706.

[18] KALIDINDI S R,BUZZY M,BOYCE B L,et al. Digital twins for materials[J]. Frontiers in Materials,2022,9:818535.

[19] LAUBENBACHER R,SLUKA J P,GLAZIER J A. Using digital twins in viral infection[J]. Science,2021,371(6534):1105-1106.

[20] SEMERARO C,ALJAGHOUB H,ALI ABDELKAREEM M,et al. Digital twin in battery energy storage systems:trends and gaps detection through association rule mining[J]. Energy,2023,273:127086.

[21] 陶飞,马昕,戚庆林,等.数字孪生连接交互理论与关键技术[J].计算机集成制造系统,2023,29(1):1-10.

[22] 杨帆,吴涛,廖瑞金,等.数字孪生在电力装备领域中的应用与实现方法[J].高电压技术,2021,47(5):1505-1521.

［23］王方,甘甜,王煜栋,等.航空发动机燃烧室数字孪生体系关键技术[J].航空动力学报,2023,38(7):1546-1560.

［24］张旭辉,王妙云,张雨萌,等.数据驱动下的工业设备虚拟仿真与远程操控技术研究[J].重型机械,2018(5):14-17.

［25］张旭辉,张雨萌,王妙云,等.基于混合现实的矿用设备维修指导系统[J].工矿自动化,2019,45(6):27-31.

［26］张雨萌.数字孪生驱动的矿用设备维修 MR 辅助指导系统[D].西安:西安科技大学,2020.

［27］杨林瑶,陈思远,王晓,等.数字孪生与平行系统:发展现状、对比及展望[J].自动化学报,2019,45(11):2001-2031.

［28］WORDEN K,STASZEWSKI W J,HENSMAN J J. Natural computing for mechanical systems research:a tutorial overview[J]. Mechanical Systems and Signal Processing,2011,25(1):4-111.

［29］李欣,刘秀,万欣欣.数字孪生应用及安全发展综述[J].系统仿真学报,2019,31(3):385-392.

［30］KRAFT E M. The air force digital thread/digital twin - life cycle integration and use of computational and experimental knowledge[C]//54th AIAA Aerospace Sciences Meeting,4-8 January 2016,San Diego,California,USA. Reston,Virginia:AIAA,2016:0897.

［31］张旭辉,王甜,张超,等.数字孪生驱动的悬臂式掘进机虚拟示教记忆截割方法[J].煤炭学报,2023,48(11):4247-4260.

［32］吴淼,李瑞,王鹏江,等.基于数字孪生的综掘巷道并行工艺技术初步研究[J].煤炭学报,2020,45(增刊):506-513.

［33］马宏伟,王世斌,毛清华,等.煤矿巷道智能掘进关键共性技术[J].煤炭学报,2021,46(1):310-320.

［34］杨健健,张强,吴淼,等.巷道智能化掘进的自主感知及调控技术研究进展[J].煤炭学报,2020,45(6):2045-2055.

［35］张超,张旭辉,毛清华,等.煤矿智能掘进机器人数字孪生系统研究及应用[J].西安科技大学学报,2020,40(5):813-822.

[36] 薛旭升,任众孚,毛清华,等.基于数字孪生的煤矿掘进机器人纠偏控制研究[J].工矿自动化,2022,48(1):26-32.

[37] 王岩,张旭辉,曹现刚,等.掘进工作面数字孪生体构建与平行智能控制方法[J].煤炭学报,2022,47(增刊):384-394.

[38] LATIF K,SHARAFAT A,SEO J. Digital twin-driven framework for TBM performance prediction, visualization, and monitoring through machine learning[J]. Applied Sciences,2023,13(20):11435.

[39] ZHANG L M,GUO J,FU X L,et al. Digital twin enabled real-time advanced control of TBM operation using deep learning methods[J]. Automation in Construction,2024,158:105240.

[40] LIU J X,YUAN J J,DU L,et al. Digital twin system for robotic tool-replacing in tunnel boring machine[C]//2023 IEEE International Conference on Robotics and Biomimetics（ROBIO）,Koh Samui,Thailand. IEEE,2023:1-6.

[41] WU Z H,CHANG Y,LI Q,et al. A novel method for tunnel digital twin construction and virtual-real fusion application[J]. Electronics,2022,11(9):1413.

[42] WANG Y,LIU Y P,DING K,et al. Dynamic optimization method of knowledge graph entity relations for smart maintenance of cantilever roadheaders[J]. Mathematics,2023,11(23):4833.

[43] HINTON G E,SALAKHUTDINOV R R. Reducing the dimensionality of data with neural networks[J]. Science,2006,313(5786):504-507.

[44] 李港,李晓军,杨文翔,等.基于深度学习的 TBM 掘进参数预测研究[J].现代隧道技术,2020,57(5):154-159.

[45] 刘惠,刘振宇,郏维强,等.深度学习在装备剩余使用寿命预测技术中的研究现状与挑战[J].计算机集成制造系统,2021,27(1):34-52.

[46] 李杰其,胡良兵.基于机器学习的设备预测性维护方法综述[J].计算机工程与应用,2020,56(21):11-19.

[47] 雷亚国,贾峰,周昕,等.基于深度学习理论的机械装备大数据健康监测方法

[J].机械工程学报,2015,51(21):49-56.

[48] SHIRANI F R,SALIMI A,MONJEZI M,et al. Roadheader performance prediction using genetic programming (GP) and gene expression programming (GEP) techniques[J]. Environmental Earth Sciences,2017,76(16):584.

[49] 王国法,赵国瑞,任怀伟.智慧煤矿与智能化开采关键核心技术分析[J].煤炭学报,2019,44(1):34-41.

[50] 李彦夫,韩特.基于深度学习的工业装备PHM研究综述[J].振动、测试与诊断,2022,42(5):835-847.

[51] NOSENKO A C,DOMNITSKIY A A,SHEMSHURA E A. Evaluation of reliability and technical conditions of tunneling machines[J]. Procedia Engineering,2015,129:624-628.

[52] LENG S,LIN J R,HU Z Z,et al. A hybrid data mining method for tunnel engineering based on real-time monitoring data from tunnel boring machines [J]. IEEE Access,2020,8:90430-90449.

[53] ZHOU Y F,HUI X C. Fault diagnosis method of large-scale complex electromechanical system based on extension neural network[J]. Cluster Computing,2019,22(2):2897-2906.

[54] FU X C,TAO J F,JIAO K M,et al. A novel semi-supervised prototype network with two-stream wavelet scattering convolutional encoder for TBM main bearing few-shot fault diagnosis[J]. Knowledge-Based Systems,2024, 286:111408.

[55] FU X C,TAO J F,QIN C J,et al. A roller state-based fault diagnosis method for tunnel boring machine main bearing using two-stream CNN with multichannel detrending inputs[J]. IEEE Transactions on Instrumentation and Measurement,2022,71:1-12.

[56] QIU Z W,YUAN X H,WANG D Z,et al. Physical model driven fault diagnosis method for shield Machine hydraulic system[J]. Measurement,2023, 220:113436.

[57] 杨健健,唐至威,王子瑞,等.基于PSO-BP神经网络的掘进机截割部故障诊

断[J].煤炭科学技术,2017,45(10):129-134.

[58] QU X,ZHANG Y. Fault Diagnosis Method of Roadheader Bearing Based on VMD and Domain Adaptive Transfer Learning[J]. Sensors,2023,23(11):5134.

[59] JI X D,YANG Y,QU Y Y,et al. Health diagnosis of roadheader based on reference manifold learning and improved K-means[J]. Shock and Vibration,2021,2021(1):1-13.

[60] SONG G D,KOU Z Y,WANG C,et al. Research on fault characteristic analysis and diagnosis method of cantilever roadheader rotor system[C]//2022 China Automation Congress (CAC). Xiamen,China. IEEE,2022:3257-3261.

[61] 王国法.煤矿智能化最新技术进展与问题探讨[J].煤炭科学技术,2022,50(1):1-27.

[62] 曹进华,洪瑛杰,周杰.基于数字孪生的航天发射塔摆杆机构故障诊断研究[J].兵器装备工程学报,2024,45(1):194-200.

[63] 韩伟,段文岩,杜兴伟,等.基于数字孪生的在运安控系统故障诊断方法[J].中国电力,2023,56(11):121-127.

[64] 刘燕燕,赵峰,付博宣,等.基于数字孪生的矿山散料堆场堆取料机智能监测系统[J].金属矿山,2024(1):132-138.

[65] 王克璇,邢天阳,朱小良.基于深度学习的汽水分离再热数字孪生系统故障诊断研究[J].热能动力工程,2023,38(3):164-173.

[66] 任巍曦,张文煜,李明,等.基于数字孪生的风电机组轴承故障诊断方法研究[J].弹箭与制导学报,2022,42(3):97-104.

[67] YU G,WANG Y,MAO Z Y,et al. A digital twin-based decision analysis framework for operation and maintenance of tunnels[J]. Tunnelling and Underground Space Technology Incorporating Trenchless Technology Research,2021,116:104125.

[68] XIA J Y,HUANG R Y,CHEN Z Y,et al. A novel digital twin-driven approach based on physical-virtual data fusion for gearbox fault diagnosis[J]. Reliability Engineering & System Safety,2023,240:109542.

[69] DEEBAK B D,AL-TURJMAN F. Digital-twin assisted:fault diagnosis u-

sing deep transfer learning for machining tool condition[J]. International Journal of Intelligent Systems,2022,37(12):10289-10316.

[70] FENG K,XU Y D,WANG Y L,et al. Digital twin enabled domain adversarial graph networks for bearing fault diagnosis[J]. IEEE Transactions on Industrial Cyber-Physical Systems,2023,1:113-122.

[71] HUANG Y F,TAO J,SUN G,et al. A novel digital twin approach based on deep multimodal information fusion for aero-engine fault diagnosis[J]. Energy,2023,270:126894.

[72] YANG C,CAI B P,WU Q B,et al. Digital twin-driven fault diagnosis method for composite faults by combining virtual and real data[J]. Journal of Industrial Information Integration,2023,33:100469.

[73] 李长鹏.采煤机声信号数据驱动截割模式识别方法研究[D].淮南:安徽理工大学,2022.

[74] SHEHADEH H A. Chernobyl disaster optimizer (CDO):a novel meta-heuristic method for global optimization[J]. Neural Computing and Applications,2023,35(15):10733-10749.

[75] ZHU W,FANG L M,YE X,et al. IDRM:brain tumor image segmentation with boosted RIME optimization[J]. Computers in Biology and Medicine,2023,166:107551.

[76] CHOPRA N,MOHSIN ANSARI M. Golden jackal optimization:a novel nature-inspired optimizer for engineering applications[J]. Expert Systems with Applications,2022,198:116924.

[77] LI Y X,JIAO S B,GENG B,et al. A comparative study of four nonlinear dynamic methods and their applications in classification of ship-radiated noise [J]. Defence Technology,2022,18(2):183-193.

[78] ABDEL-BASSET M,MOHAMED R,ABOUHAWWASH M. Crested Porcupine Optimizer:a new nature-inspired metaheuristic[J]. Knowledge-Based Systems,2024,284:111257.